河川閑話

鈴木幸一

河川閑話

はじめに

河川工学を専門としているものとして社会における河川の役割の重要性を感じ、日頃一般の人にも河川についての理解を深めていただきたいと思っていました。たまたま昨年（平成二八年）の秋、愛媛新聞の四季録にどのようなテーマでもよいからという条件で、紙面をお借りする機会を頂戴しました。一回原稿用紙三枚足らずで、河川に関する話題を毎週半年間提供させていただきました。その二六回分の話題に、新しく二五の話題を加えて合計五一の話題をまとめたのが本書です。河川に関して経験したことをランダムに書いていて、それぞれの話題は独立していますので、興味のあるテーマのみを拾い読みしていただくこともできます。なるべく専門用語を減らし、分かりやすく書いたつもりですので、河川をよくご存じの方は知識の整理として、また河川のことをあまりご存じない方には新たに河川を知るという目的で読んでいただければ幸いです。

鈴木幸一

平成二九年　初秋

目次

河川閑話

1. 治山治水

二〇一五（平成二七）年九月一〇日、関東・東北豪雨によって茨城県常総市で鬼怒川の左岸堤防が二〇〇メートルにわたって決壊し、鬼怒川の河道内の水が濁水となって人の住む堤内地に流れ込み、甚大な被害を及ぼした。また、一年後の九月七日には台風一〇号の豪雨によって岩手県岩泉町や北海道の多数の河川で土砂流出や洪水氾濫が発生した。

河川は雨水を流すだけでなく土砂の流路でもある。治山・治水といわれる通り、治水のためには山間部の流出砂を制御する治山がセットで考えられなければならない。重信川の水源地付近は標高一〇〇〇メートル前後の山稜が連なり、谷は深くえぐられ山腹は急勾配となっている。地質は砂岩泥岩の互層や花崗岩が風化したマサ土であって風雨に浸食されやすく、荒廃した山地では砂防対策が集中的になされている。山腹が崩壊して河道に流入した土砂の制御は砂防ダムによってなされるが、このような重信川上流の砂防工事は一九一九（大正八）年から愛媛県によって始められた。特に、国の補助を受けて一九三五（昭和一〇）年に完成した除《よ》ケの堰堤は、当時規模・技術面とも全国的に見ても最高水準の

重信川源流部

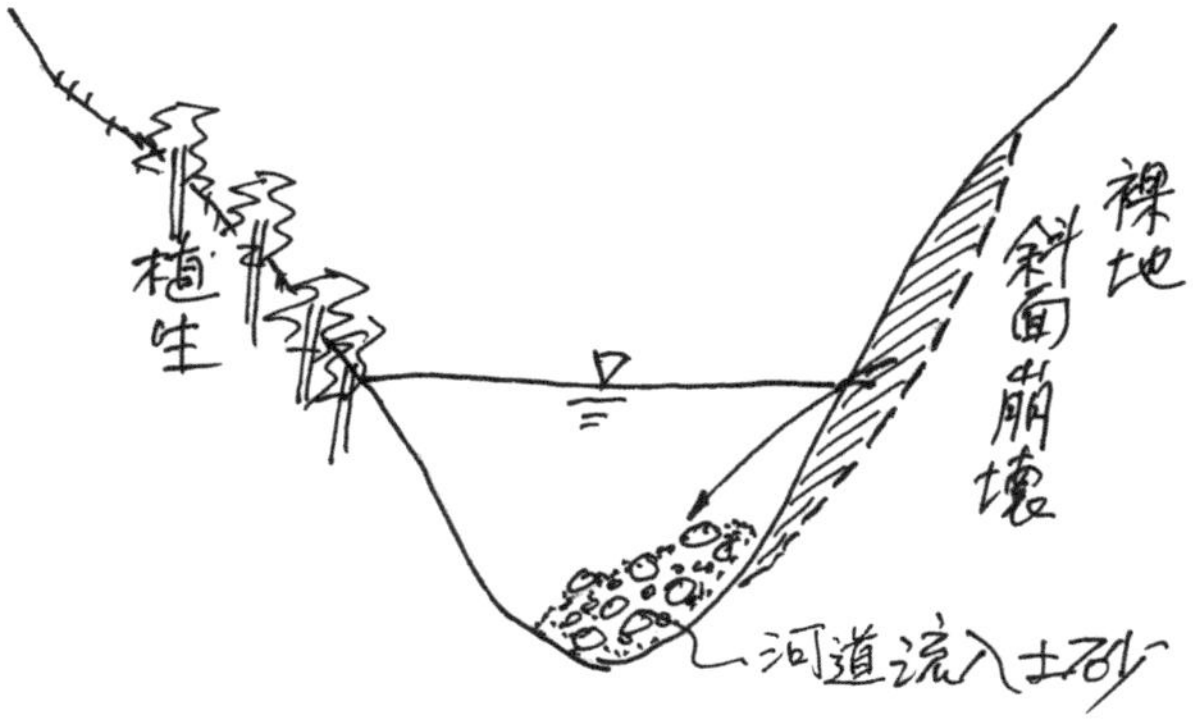

山地斜面崩壊による土砂の流入

ものであった。現在もその姿を残し砂防機能を維持していることから、二〇〇一（平成一三）年に国指定の登録有形文化財に指定されている。さらに上流に進んで行くと木地堰堤や重信川第一号堰堤など多くの美しい砂防ダムに出合う。建設から長年を経ているため苔むしたダム堤体は周辺の自然にとけ込んでいる。砂防ダムの役目は土石が一気に下流に流れるのを阻止することで、洪水時の大量の土砂を一時的に貯め、通常の流量時に少しずつ土砂を流して次の洪水に備えている。

また、山地から松山平野へ出たところから表川との合流地点までの四キロメートル区間には、床固めと護岸を一体化した流路工と呼ばれる砂防施設が設置されている。これが全国的にも有名な重信川（横河原）流路工であり、一九四九（昭和二四）年から愛媛県が手がけていたものを建設省（現国土交通省）に事業が引き継がれほぼ完成しているが、現在も河道の環境整備も兼ねた工事が行われている。

重信川流域では最近大きな洪水災害は発生しておらず、比較的治水安全度が高いのは、長年の上流域での不断の治山工事の実施によるところが大きい。改めて「治水」は「治山」と一体のものであると感じさせられる。

2. 水資源開発

一九九四（平成六）年夏季の異常少雨に伴い、松山市の上水道では、七月二六日から一一月二五日までの四カ月間にわたり、水道事業開始以来はじめての時間断水が実施された。とくに、八月二二日から一〇月二一日までの二カ月は、一九時間断水（五時間給水）と厳しい状況で、この間、松山市民の日常生活、児童・生徒の学校生活、商業活動などにも様々な影響があった。農業被害は柑橘類を中心に六九億円にのぼり、多くの工場では生産縮小や操業停止を余儀なくされた。

松山に限らず瀬戸内海に面する北四国の水不足は昔から深刻で、古くは溜池等で水資源開発が行われてきた。二万五千に及ぶ香川県下の溜池の代表的なものが金倉川を堰き止めて造られた満濃池で、讃岐平野南部のまんのう町神野にある。飛鳥時代の八世紀初頭に讃岐の国守・道守朝臣が小規模な築堤をし、平安時代の八二一（弘仁一二）年に真言宗祖空海（弘法大師）が満濃池の築堤を完成させたと言われている。満濃池は四国水資源開発の原点と言えよう。地元善通寺生まれの空海を慕って集まった多くの信者の協力と、中国唐に滞在中に学んだ土木技術も駆使して、わずか三カ月足らずで大池を完成させたという。空海の築いた満濃池は、その後洪水による堤防決壊と築堤を繰り返していたが、一一八四（元暦元）年の堤防決壊後は放置されたままで、鎌倉・室町・戦国時代には池地に二〇戸ほどの池内村ができていた。満濃池が再築堤されたのは江戸時代に入っての一六三一（寛永八）年で、讃岐領主生駒高俊の家臣西嶋八兵衛によってである。江戸時代には底樋仕替を六回、竪樋仕替を一二回行うなど、維持管理は農民を苦しめたという。それでも、一八五四（安政元）年の大地震で石造りの底樋が緩み堤防が決壊した。現在の満濃池の原型ができるのは、明治時代の一八七〇

（明治三）年、榎井村長・長谷川佐太郎らによる復旧を待たなければならなかった。このように流域内での農業用水の確保のために、長年多くの人々の懸命な努力が続けられてきた。

高松砂漠と言われた一九七三（昭和四八）年の大渇水を経て、讃岐山脈の南の徳島県吉野川の水を香川県に分水する香川用水が一九七四（昭和四九）年に完成したことにより、満濃池の大きな役目

満濃池略史（香川県仲多度郡満濃町神野）

時代	規模と健在期	西暦（年）	主な出来事
飛鳥		701 ～ 704	讃岐国守・道守朝臣が満濃池地内に築堤（小規模？）
奈良		818	洪水により多くの田畑が流失
平安		821	真言宗祖空海（弘法大師）が満濃池の築堤を完成
		851	洪水により堤防決壊
		853	讃岐国守・弘宗王が復旧
		1184	洪水により堤防決壊（5月10日）
鎌倉			
室町			池地に池内村（20戸）が形成
安土桃山			
江戸		1631	讃岐領主生駒高峻の家臣西島八兵衛が再築堤
		1854	大地震で石造り低樋がゆるみ堤防決壊（7月9日）
明治		1870	榎井村長、長谷川佐太郎らが復旧
大正			嵩上、配水塔新設、樋管改修
昭和			

は終わった。現在は、周辺が国営讃岐まんのう公園として市民の憩いの場となっているが、四国水資源開発の原点としての満濃池が果たした役割がいつまでも先人の苦労と共に、人々の心に残ることを期待している。

3. 多自然河川

一九九五（平成七）年一月のある朝、関正和氏の死亡記事が新聞に小さく載っていた。建設省大臣官房に勤務、享年四六とある。関氏は自然と調和した川づくりを提唱し、積極的にリードしてきた第一人者である。日本における「多自然型川づくり」がようやく全国的に軌道に乗りかけたこの時期に、志半ばで倒れた同氏の無念はいかばかりであろうか。遺著となった『大地の川―甦れ、日本のふるさとの川』の中で、治水・利水のための河川改修が機能性のみを追求した結果、味気ない川づくりとなっていることを指摘し、今後は日本においてもスイスやドイツに倣って自然豊かな川づくりをしていかなければならないことを強調している。関氏が日本での初期の多自然型川づくりを手がけた川が、大洲市を流れる愛媛県最大の河川である肱川の支川「小田川」である。

多自然型川づくりの試みは、五十崎町の豊秋橋を挟んだ小田川両岸を中心に行われた。小田川左岸の豊秋河原では、三百年の伝統を持つ大凧合戦が毎年五月五日のこどもの日に繰り広げられる。地元の亀岡徹氏をリーダーとする「まちづくりシンポの会」という一九八四（昭和五九）年に発足した市民グループは、早くから小田川の豊かな自然を守る運動を続けていた。愛媛県の小田川改修計画に対し自然石を用いることを提案したり、スイスでの近自然河川工法の勉強にも自費で出かけていた。このような町民の川づくりに対する熱意が行政を動かしたといってもよい。一九八八（昭和六三）年には町当局とともに「いかざき小田川はらっぱ基金」を設立し、建設省（現国土交通省）の補助で愛媛県による「ふるさとの川モデル事業」として、多自然型の川づくりの実施を促したのである。河川工学を専門とする私は、関氏、亀岡氏をはじめ市民の代表からなる検討委員会で、どのような川にするのかを何回も検討し、これまでの市民グループの苦労話や生物の棲みやすい川づくりへの夢などを熱

関正和氏の遺著

く語り合った。当時、日本において多自然型という概念は必ずしも確立されていたわけではなく、河川の生態系保全というよりは、人間が水辺を楽しむためのいわゆる親水性が強く意識されていた。

自然石練り積み護岸は、スイスから訪れた河川技師クリスチャン・ゲルディ氏によって石と水の砂漠と酷評されたが、現在日本全国で進められている「魚の棲みやすい川づくり」に見られるような、より生物に配慮した川づくりへの転機となったことは確かである。

4. 予報警報避難

愛媛県南予の大洲市を流れる肱川は、中流部が盆地で下流部が狭窄部《きょうさく》となっている特異な河川である。治水対策としていろいろな試みがなされて来たが、四国の他の一級河川と比べて治水安全度は低い状態である。広い水郷大洲盆地から下流部長浜町の伊予灘までの約一〇キロメートル区間は、両岸に山脚が迫る狭窄部となっている。この狭窄部には、下流端の長浜まで五郎、春賀、八多喜、白滝、出石などの集落があり、東大洲地区の遊水地機能の低下によって洪水被害の危険性が高まっている。一九九五（平成七）年七月には集中豪雨によって、大洲盆地だけでなく河口まで甚大な洪水災害が起こった。

洪水対策は大きく、堤防・ダム・遊水地などを整備するハードな対策と、予報・警報・避難体制を整えるソフトな体制に分けられる。肱川のハードな対策として本川上流に野村・鹿野川両ダムが既に建設され、支川の河辺川には山鳥坂ダムの建設が予定されている。また、大洲市の主要部がある大洲盆地で肱川と矢落川とで囲まれた東大洲地区はもともと遊水地であって、ここに洪水を氾濫させることによって下流集落での壊滅的な洪水被害を軽減させる役目を持っていた。堤防整備が十分でない下流での流量を減らすためには、上流のどこかに水を貯めなけ

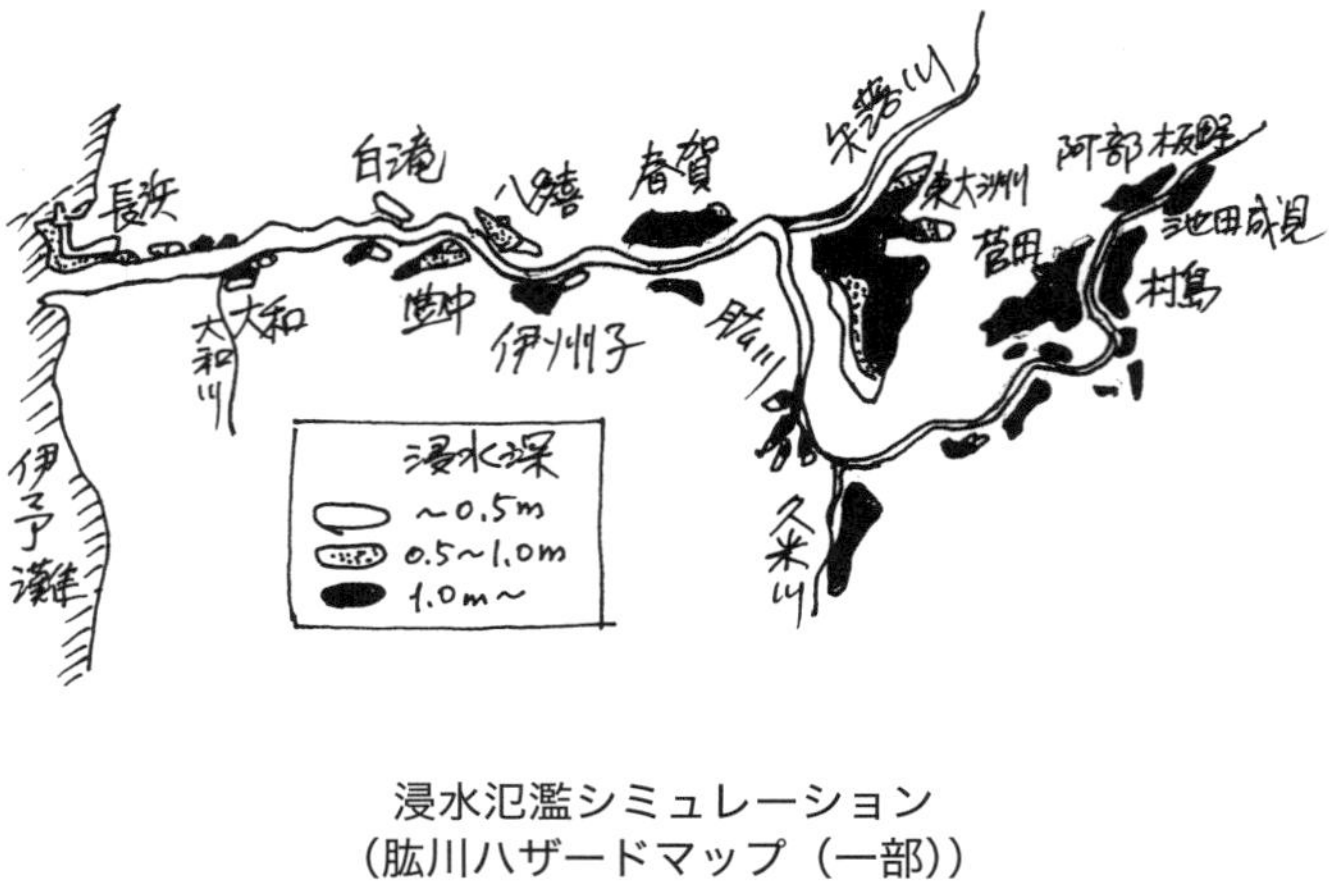

浸水氾濫シミュレーション
（肱川ハザードマップ（一部））

ればならない。その役目をダムや遊水地が果たしているが、利根川の渡良瀬遊水地や淀川の琵琶湖のように大河川の上流には遊水機能を果たす場所が存在している。肱川の遊水地であった東大洲地区は一九九三（平成五）年に「八幡浜・大洲地方拠点都市地域」に指定され、多くの企業が進出し流域および南予地方の拠点として発展している。このため、洪水時に遊水地として利用するには人口・資産が集積し過ぎ、東大洲地区に遊水地機能を持たせることができない状態となっている。ダムの建設や距離の長い堤防の整備などは費用も時間もかかるうえ、計画を超える洪水の発生には対応できないこともあり、ハードな対策はソフト対策で補完されなければならない。肱川では、主として東大洲地区を対象に洪水に対する住民の命を守るための、予・警報、避難体制が整備されている。その内容は肱川が破堤した場合の浸水範囲や浸水深を示したハザードマップとして市民に配布されている。

最近の全国で発生している洪水災害の状況を見ると、ハードな対策だけでなく予報警報避難体制の整備とその住民への周知が重要であることを強く感じさせられている。

5. 南水北調

地域内の水不足を解消するために地域外から分水してもらうことを流域外分水と呼ぶ。北京や天津のある中国北部の黄河一帯は降雨量が少なく、河口が上海である南部の長江（揚子江）流域では比較的雨が多く水に余裕がある。北部の水不足を解消する目的で、南の水を北へ送る「南水北調」と呼ばれる流域外分水事業として、延長一四〇〇キロメートルの水路などを建設する国家プロジェクトが進行中である。

降雨が少なく水不足の北四国とは対照的に、南四国は洪水が脅威であるほど水が豊かである。四国版「南水北調」ともいうべき南四国の水を北四国へという願いは、まず銅山川分水という形でかなえられた。銅山川は石鎚山脈の冠山（標高一七三二メートル）に発し法皇山の南の愛媛県内を東流して、徳島県の山城町内で吉野川に合流する。江戸末期一八五五（安政二）年に宇摩地方の農民が今治藩の三島代官所に銅山川の分水を願い出て以来、一九五三（昭和二八）年の柳瀬ダム

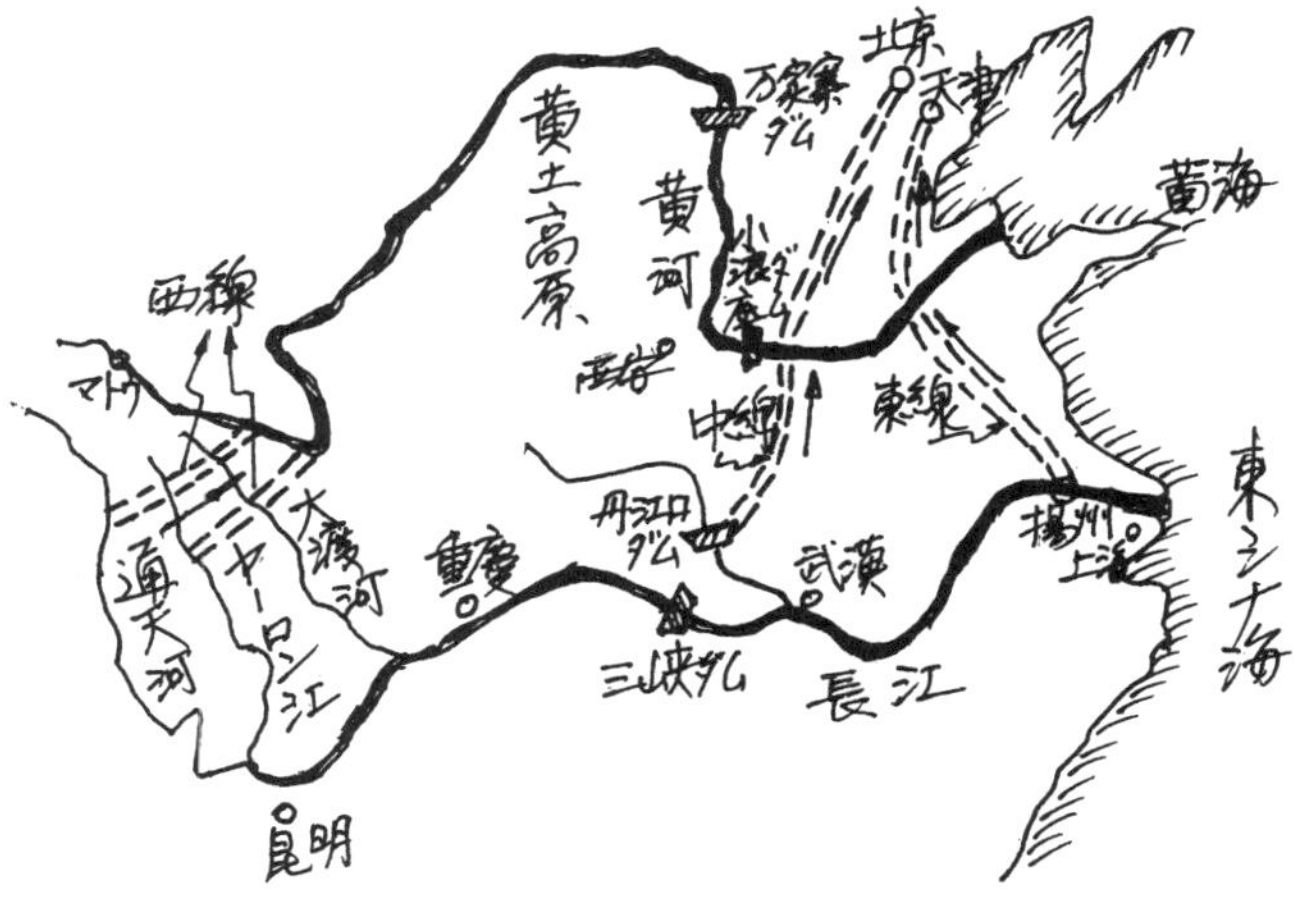

中国南水北調プロジェクト

完成までに要した年月は、実に一世紀に及ぶものであった。その間の経緯が合田正良著『銅山川疏水史』（一九六六年、愛媛地方史研究会）に詳しく述べられている。前半の半世紀は明治維新などの社会情勢の変化や財源不足が主な原因となって分水事業の進展はなく、後半の半世紀は水を受ける愛媛県と吉野川下流の徳島県との交渉が難航し、中央政界をも巻き込んだ愛媛・徳島両県の県会および知事の論争が続いた。最終的に両県が分水協定を締結できたのは、中央政府の指導力・宇摩農民の切実な願い・科学的論議・県側の粘り強い交渉などがあったためである。銅山川には現在では最上流に別子ダム、その下流に富郷ダム、柳瀬ダム及び新宮ダムと多くのダムが建設されている。これらのダムから法皇山脈を越えて供給される銅山川の水は、四国中央市の紙・パルプ産業をはじめ、宇摩地方のかんがい用水・水道用水の水源および発電用水に利用されている。

広域利水は地域全体から見れば水の合理的配分で積極的に推進すべきものであるが、

狭域的立場から水の供給側と需要側との利害対立が論じられがちである。銅山川分水による四国中央市の発展や、後年の香川用水による高松地区の水不足解消などが四国全体の発展に不可欠であり、また四国の発展が徳島地区の活力にもつながっている。このことを考えれば、いわゆる河川の上下流間の利害が必ずしも相反しているわけではないことがわかる。

6. 自然再生

四万十川は、水源を標高一三三六メートルの不入山とし、流域面積二一八六平方キロメートル、延長一九六キロ、高知県四万十市で土佐湾に注ぐ四国内最長の河川である。水源の津野町から中土佐町を流れた四万十川（渡川）は梼原川と四万十町大正橋付近で合流した後、西流して旧西土佐村の江川崎で愛媛県北宇和郡松野町からの広見川と合流する。江川崎合流点では、源流からさして大きな集落のない所を流れて来た本川の清流と、集落が多く農業用水や生活用水で汚れて白濁した広見川からの水は、数キロ下流まではっきりと左右に分かれて流れている。ブラジルでいつか見た黄土色のアマゾン川本流と黒色の支流ネグロス川が合流する地点での現象と同じである。清流度を示す四万十川の水質は同じ高知県の仁淀川には劣るものの、火振り漁をはじめ他の地域とは異なった伝統的な風物・文化が多く残っており、観光客をひきつける魅力は大きい。例えば、四万十川には洪水時に水没する四八もの沈下橋があり、その中でも、江川崎から河口までの間の本川に架かっている岩間大橋など六つの沈下橋は、四万十川の風情を際立たせるものとなっている。

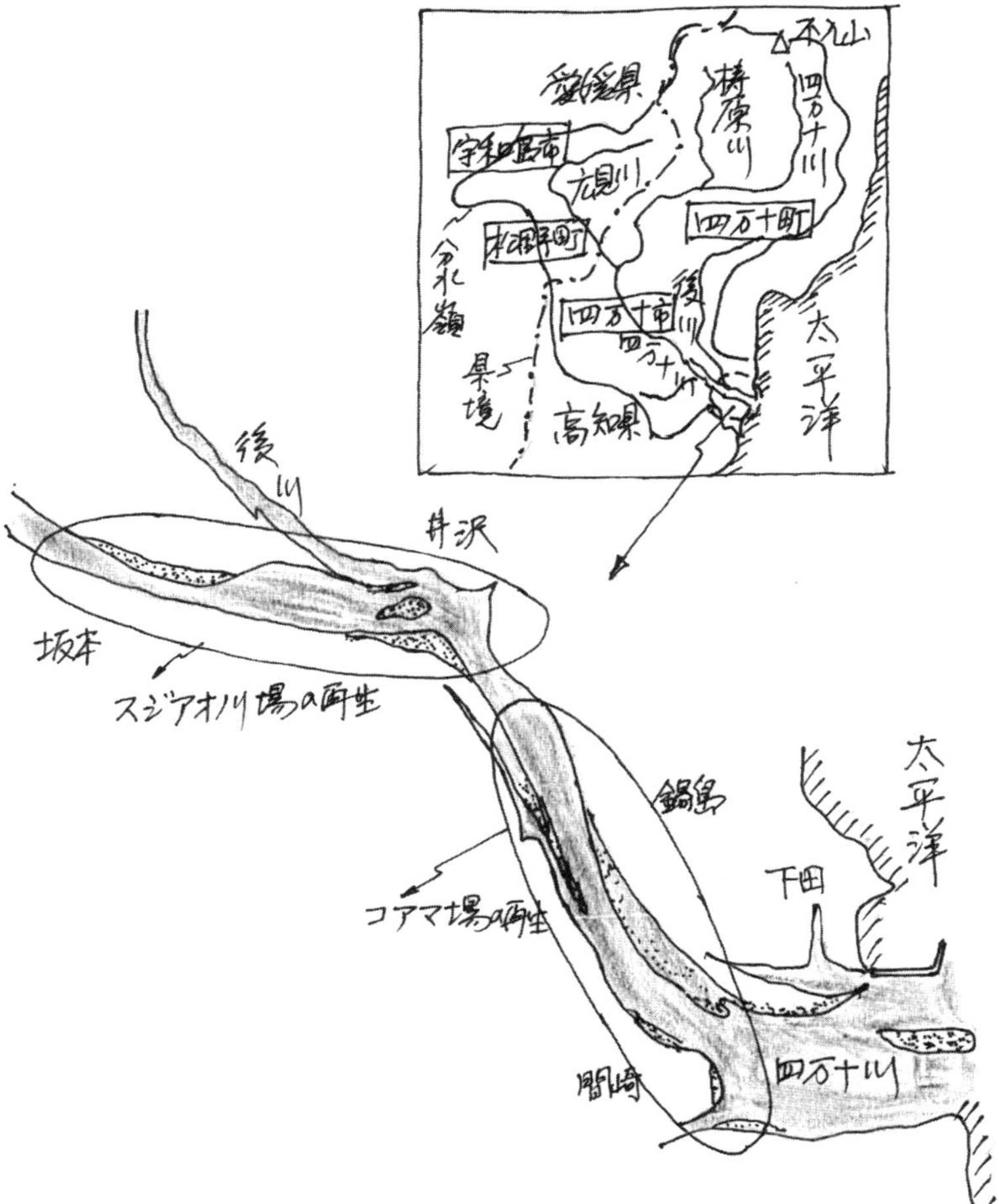
不入山
愛媛県
梼原川
四万十川
宇和島市
広見川
四万十町
松野町
分水嶺
四万十市
後川
四万十川
県境
高知県
太平洋
後川
井沢
坂本
スジアオノリ場の再生
鍋島
コアマ場の再生
下田
太平洋
間崎
四万十川

四万十川下流汽水域

国土交通省の四万十川環境整備の柱の一つは、「日本最後の清流」をフレーズに、魚をはじめとする生物の棲みやすい多自然な河川づくりでの自然再生事業である。河口から一〇～一三キロの区間の入田地区において、右岸側浅瀬の樹木の伐採及び砂州の切り下げを行うことにより洪水等による河原の攪乱環境を創出し、アユの産卵場となる瀬の再生を目的としている。また、四万十川下流域の広範な汽水域浅場で、コアマモやスジアオノリが繁茂しアカメの稚魚など多様な生物が生育できる浅場の自然再生を目指している。

「日本最後の清流」として四万十川が全国的に知られるようになって、それまでの渡川が一九九四（平成六）年七月に正式に四万十川と名称変更された。一説によると神が渡る「四万渡川」が短く渡川と書かれ、「わたりがわ」と呼ばれていたようで、本来の名称に戻ったともいえる。市町村合併で河口部の中村市と西土佐村は合併して四万十市に、中流部の大正町と十和村も合併して四万十町に名称の変更がなされている。いずれも四万十という全国ブランドの名前を付けて知名度は多少上がっているかもしれないが、これまで残って来た伝統や風物を感じる地域の個性が分かりにくくなった様に感じるのは私だけであろうか。

7. デルタプラン

国際裁判所のあるハーグとヨーロッパ物流の主要港のロッテルダムの間に位置する人口一〇万人のデルフトというオランダの町に若い頃留学していた。〝デルフトブルー〟という渋い青色で絵付けされた陶器で有名で、一七世紀にデルフトで生涯を過ごした画家フェルメールは〝真珠の耳飾りの少女〟など光の陰影を巧みに描いた多くの絵を残している。デルフトから車で三〇分程走ると、ロッテルダムのライン川河口北端に着く。河口は三つに分かれていて、一番北側はハーリングフリートと呼ばれ、一九七一年に排水門で締め切られた。河口のゼーランド州では一九五三年に高潮に見舞われ、南西から吹く嵐が満潮と重なって堤防が数カ所で決壊して、約一八〇〇人

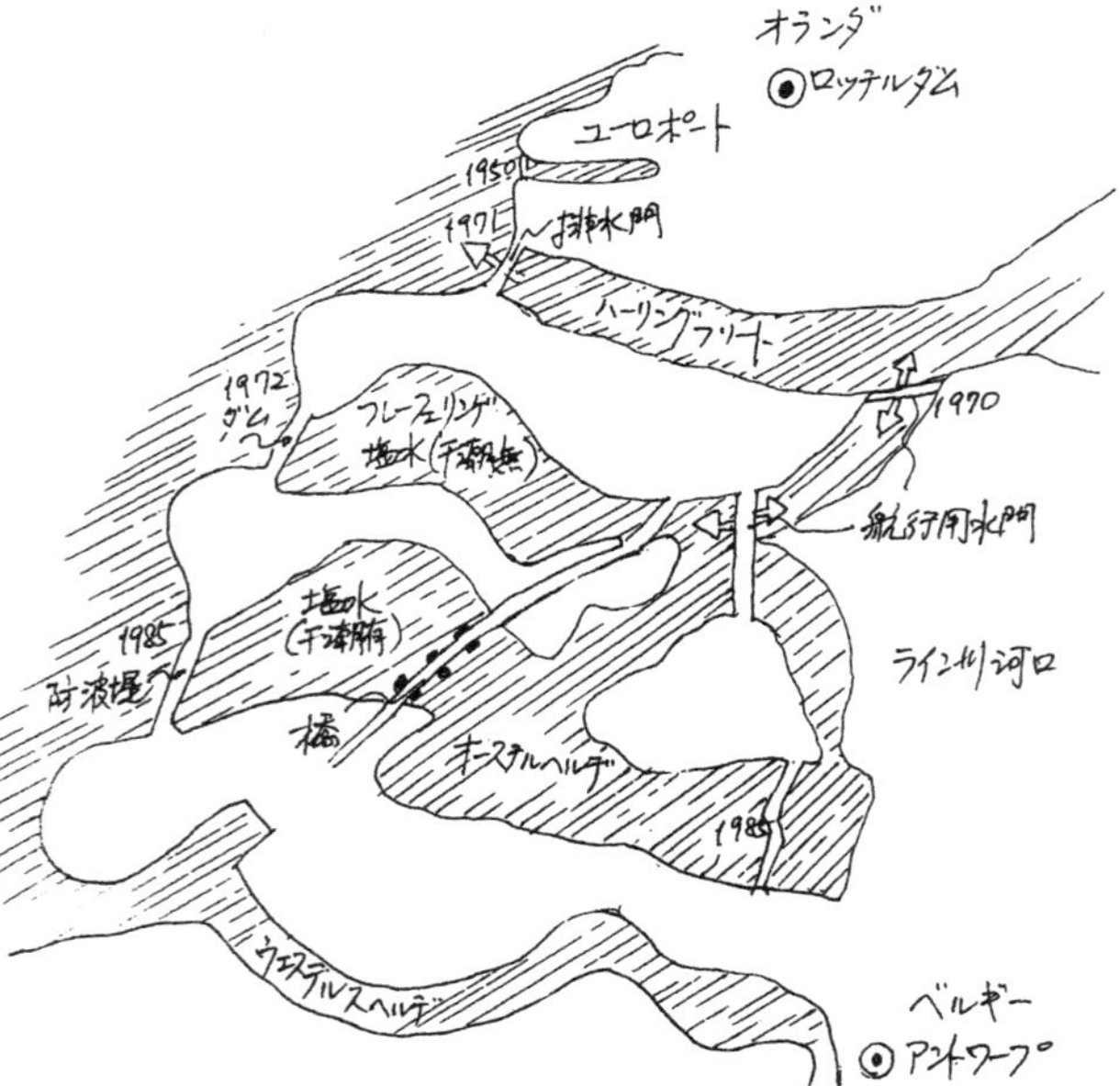

ライン川河口

が亡くなった。高潮のライン川遡上を阻止するために河口を締め切る数多くのダムや水門などの建設計画がなされた。いわゆるデルタプランである。真ん中のフレーフェリンゲン河口が一九七二年に締め切られ、南端のオーステヘルデ河口が一九八六年に締め切られて、デルタ計画は完成までに三〇年以上の歳月を要した。

ライン河口を訪れたのは一九七六年の秋で、ハーリングフリートの岸辺の水際は河口から上流の方まで貝殻で白く光って見えた。塩分交じりの汽水域が河口の締め切りによって淡水化したため、生息していた貝が死滅したという。河口を締め切って数年経つのに、累々と貝殻が残っている。この自然環境破壊が国際的に問題となり、南側の二つの河口の締め切りは、海水が出入りできる空隙を持った石積などのダムや多くの水門を持つ防波堤に計画が変更された。その後締め切られた真ん中の河口では、塩分は保たれて環境問題は生じてない。ただ、南側の左岸がベルギーであるオーステヘルデの河口締め切りには、ベルギー政府が反対して、完成までにそれから一〇年を要した。可動水門を多く備えたダムを建設し、通常はこの水門を開けていて、河口水域への海水の出入りを自由にした。これにより、入り江の海水生息生物は、カキ漁とともに存続することとなった。可動水門による解決策は、水門のないダムに比べてコストが高かったが、環境への配慮から高額の出費が認められた。世界中で河川環境保全の重要性が叫ばれ出したきっかけとなったのが、このデルタプランであった。

当初は環境より人命重視という河川技術者がほとんどであったが、今では人命も環境もが常識となっていて、隔世の感がある。

8. フーバーダム

カリフォルニア州ロサンゼルス市には一年に三七〇ミリしか雨が降らないが、市民は水不足を知らない。半乾燥地であるにもかかわらず緑の多い地帯であり世界の先端工業が立地し、アメリカでも有数の豊かな地域となっている。それを支えているのがフーバーダムで開発された水である。日量五〇〇万トンの水が、長さ五〇〇キロメートルのコロラド水路でカリフォルニア州に送られている。一九三六年に完成した当時世界一のフーバーダムは、コロラド川のグランド・キャニオンの下流に建設された高さ二二一メートル、堤頂の長さ三七九メートルの重力式アーチダムである。コロラド川はロッキー山脈に源を発し南流する長さ二〇〇〇キロ、流域面積五九万平方キロの大河である。

　私がフーバーダムを訪れたのはダムが建設されて四〇年経った一九七六年の夏であった。ダムの堤体内の観光客用のエレベーターで一気に二二一メートル降下し、ダムの底部外側からダムを見上げると、真っ青な夏空を背景としたコンクリートの巨壁が覆いかぶさって来るような恐怖を感じたのを覚えている。フーバーダムで出来たミード湖の総貯水量は四〇〇億

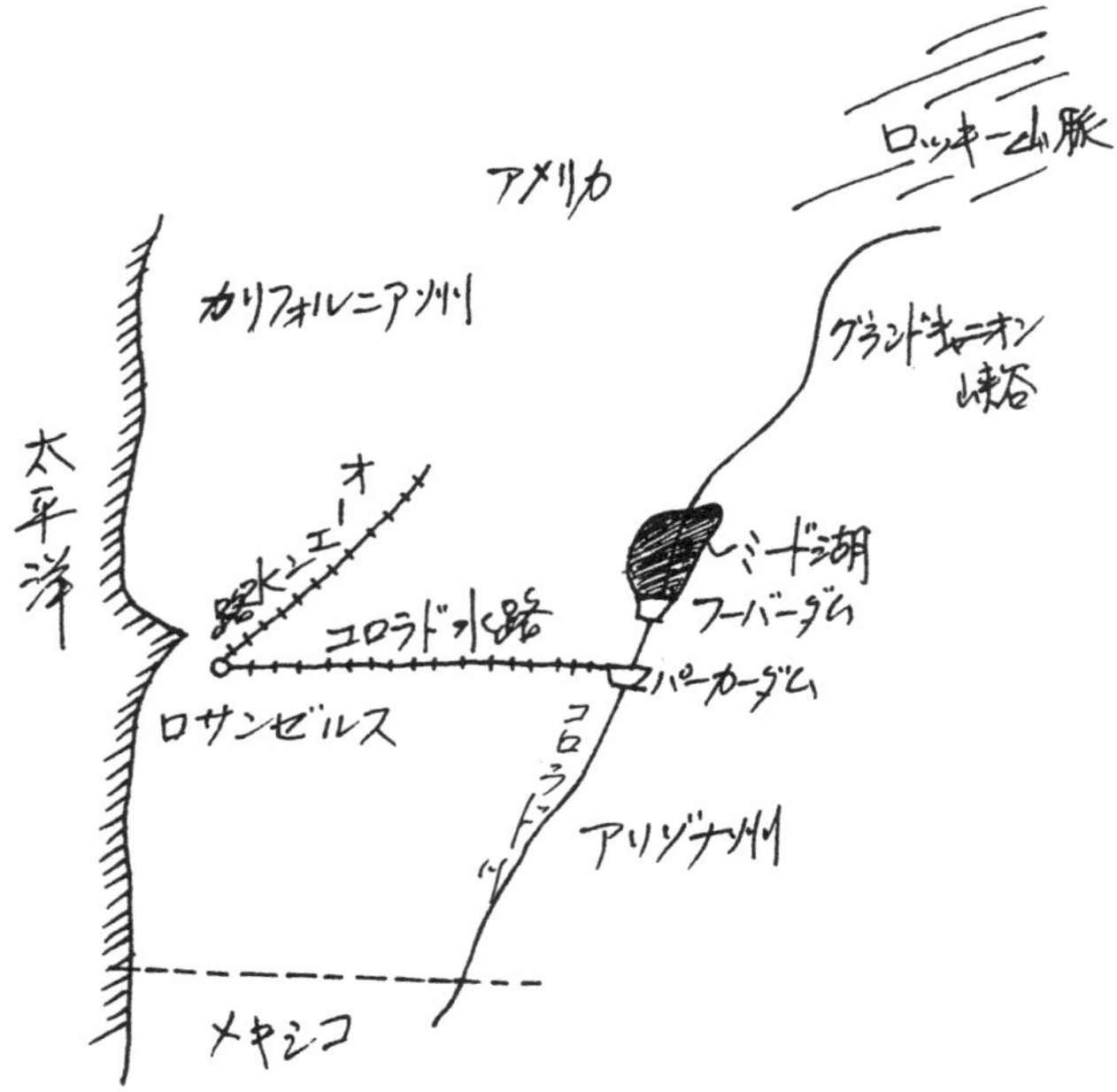

フーバーダムとコロラド水路

トンで、琵琶湖の一・六倍に当たる。この水は、ロサンゼルス市をはじめカリフォルニア州の都市用水となるだけでなく、ダム下流の三〇万ヘクタールの乾燥地やインペリアル・バレーを豊かな農地に変え、出力一三五万キロワットの電気を南部カリフォルニアの工場や家庭に供給している。さらに、新たな環境が形成された湖畔には、ヨットハーバー、水泳場、キャンプ村、レストハウスなどが出来て、ミード湖は一大レクリエーションセンターになっている。一九二九年のウォール街株価大暴落に始まる世界恐慌は、その後の一〇年間世界の景気後退を引き起こし、アメリカ西部も疲弊していた。その不況下に建設されたフーバーダムというたった一つのダムが、ルーズベルト大統領の景気対策であるニューディール政策に呼応して、アメリカ西部を甦らせた。その恩恵に気付かない人もいると思うが、フーバーダムは完成して八〇年が経った今でも、アメリカ西部の飛躍的発展を支え続けている。

日本では昭和三〇年代以降多くの多目的ダムが建設され高度経済成長を支え、今でも治水・利水・環境の面で大きな役割を果たし続けている。いつの間にかダムが悪者になってしまっていることに、何か割り切れないものを感じる。

9. 近自然河川工法

河川は人間が水辺に親しめるようにすべきであるという、いわゆる親水性の川づくりが叫ばれるようになったのは、一九七〇（昭和四五）年一一月の「公害国会」といわれる臨時国会が開催された頃からである。それ以降、河川敷に人が容易に下りられるように石張りの階段を設置したり、味気ないコンクリート製の護岸を石張りに替えた

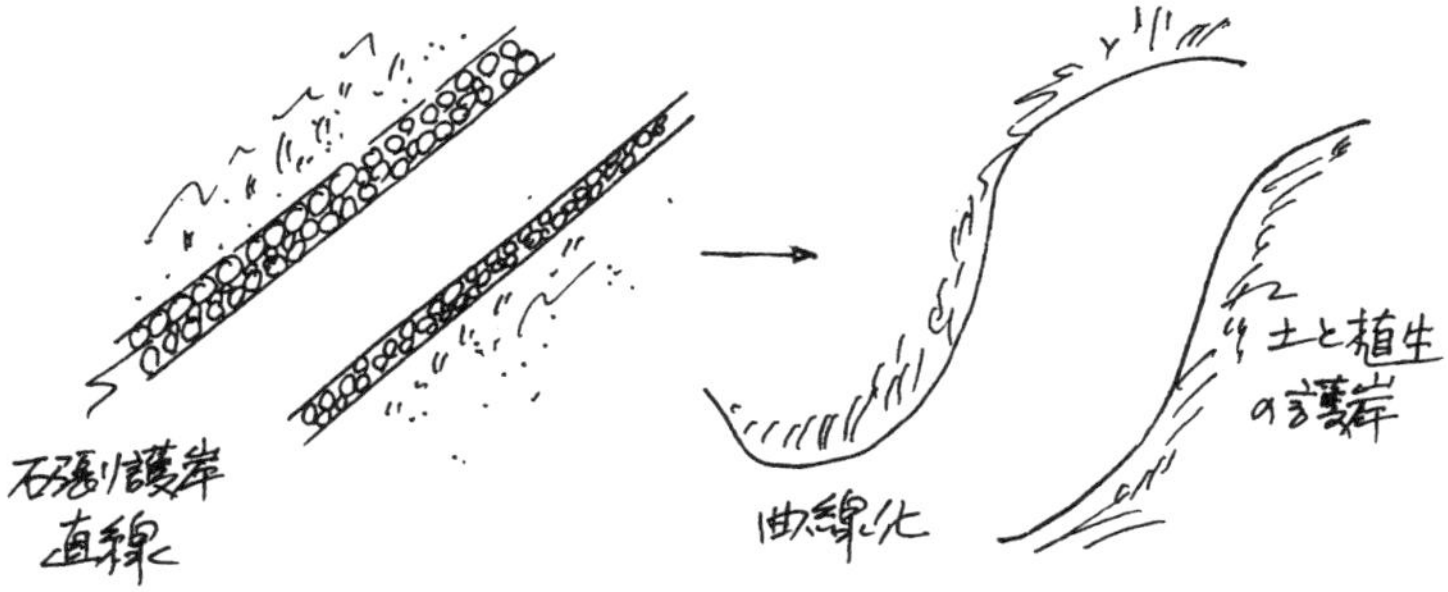

ネフ川の再活性化

りするなど、人々が水辺を楽しめる環境整備が実施されるようになった。

河川の環境には、人に心地よい水辺環境と、水辺の動植物の生息環境という二つの意味がある。両者の目指すところは必ずしも一致せず、むしろ相反する部分がある。例えば石張りの護岸では草が生えなく見た目もよいが、多様な生物の棲みよい環境ではない。

土木学会四国支部がスイス・ドイツの近自然河川工法についての調査団を派遣したのは、一九九九（平成一一）年八月であった。調査団員は九人で、若い研究者、建設コンサルタント会社、建設会社や河川整備に関心のある人と多彩であった。チューリヒ州庁舎で行われたミーティングでは、河川局の担当者から、かつて河川技師ゲルディが手掛けた近自然河川づくりの工法について、詳細な説明があった。

　スイスでは一〇〇年以上前から、美しい街づくりの中で、いわゆる親水性川づくりが行われてきた。ところが五〇年ほど前から、人間に心地よい川が、水生動植物にとっては棲みにくく、自然の多様性を壊していることに気が付いたという。今では、多くの河川でこれまで営々と造ってきた石張りをわざわざはがして、土の堤防

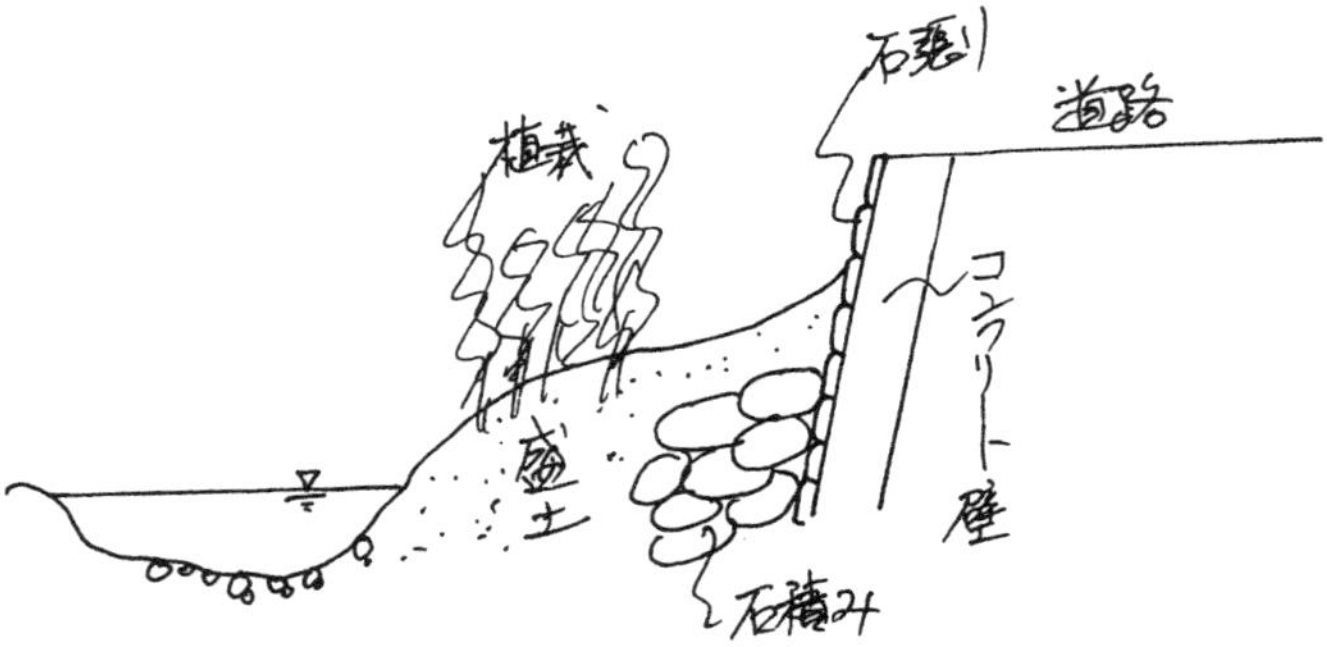

スイスの護岸工事の例

に戻しているということである。日本ではスイスで一〇〇年前に始まった川づくりを今盛んに行っているのかと、私は衝撃を受けた。

現在スイスでは、自然豊かな川にするために、川幅を広げ、コンクリートで護岸を補強しても必ずコンクリート壁の根元に石を積み、石の上に盛り土をする。盛り土の上に種々の草木を植栽して初めて工事が完成するという。ついこの間まで、コンクリートのみで護岸を造っていた日本で、大幅に経費のかかることが認められるほどには、自然環境の保全に対する国民の意識がまだまだ高まっていないのではなかろうか。

スイスで案内された河川護岸工事現場すべてに、最後の植栽までの完成予想図が示されており、スイスやドイツでの近自然河川工法による多自然型川づくりへの取り組みに感銘を受けた。

10. 治水伝説

「水を治めるものは国を治める」と言われ、治水によって国民の生命財産を守ることは、為政者の最重要課題である。約四千年前に始まった中国最古の王朝夏《か》の創始者禹《う》は、大禹《たいう》とも呼ばれ、王になる前から黄河の治水事業に打ち込んでいた。即位すると様々な河川整備に力を注ぐと共に、灌漑用水路を造り田畑の収穫量を増やして農民の暮らしに目を配った。禹は人徳があり人々に尊敬される伝説的な王であって、今なお山東省に治水の神様の如く祀られている。長年お参りをしたいと思っていたが、二〇一三年の八月にようやくその機会があった。山東省済南市で黄河を見て禹城市に回り、大禹治水の記念施設や高さ五メートル程の大禹像を見学する中で、今なお地元

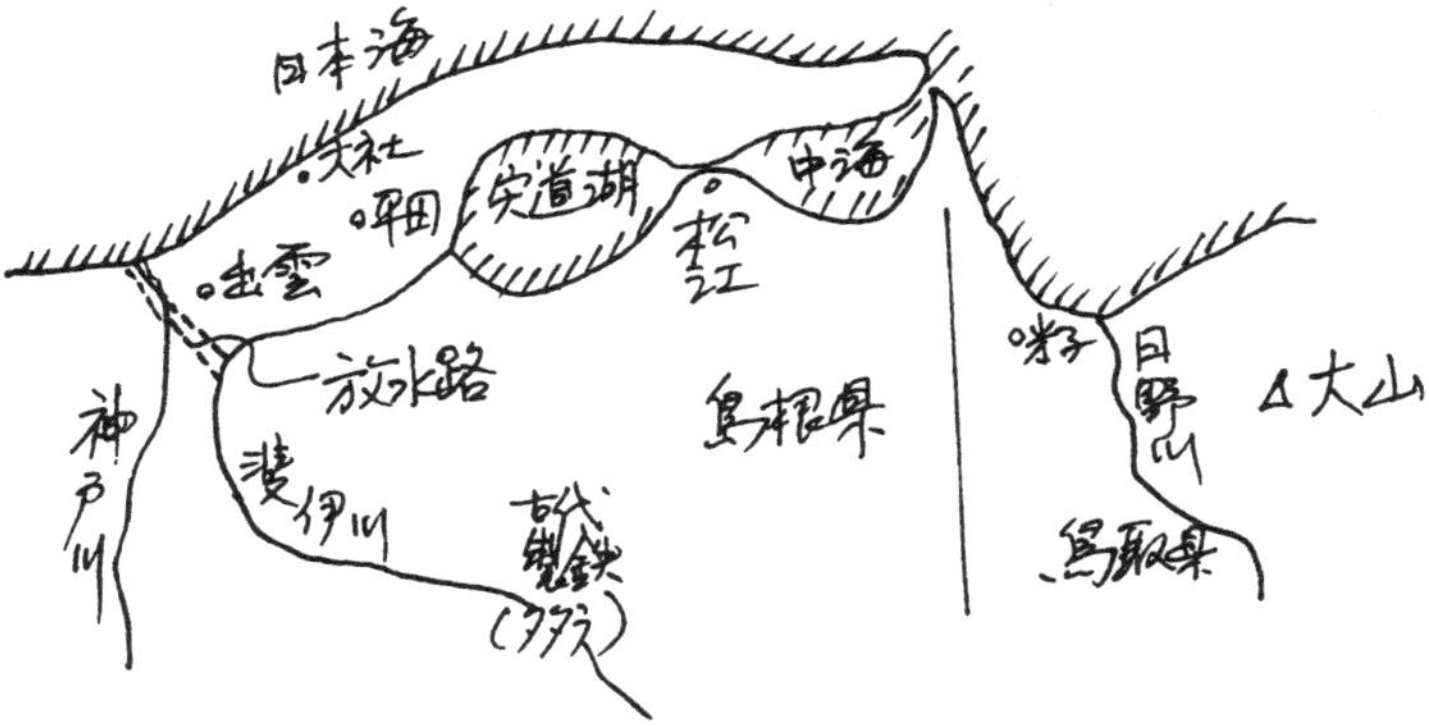

八岐の大蛇伝説（斐伊川）

の人の大禹伝説を語り継ぐ熱心さに感銘を受けた。

島根県の斐伊川は中国山地に源を発して北流し、出雲市で東に向きを変え松江市の宍道湖を経て日本海に注ぐ一級河川である。河口が宍道湖に固定するまでは、大量の土砂を運ぶ斐伊川の河口は、土砂で閉塞するため洪水毎に位置を変え、まるで多くの頭を持つ大蛇のようであった。古事記の神話では、出雲の国には八岐大蛇《ヤマタノオロチ》という八つの頭と八本の尾を持った怪物が年に一度やって来て、老夫婦の八人いた娘を七人まで食ったという。その年もオロチが来る頃で、最後の娘、櫛名田比売《クシナダヒメ》も食われそうなので、須佐之男命《スサノオノミコト》はその娘との結婚を条件に、この怪物退治を請け負った。策をめぐらしてオロチに酒を飲ませ酔って寝たところを剣で切り刻んで退治したという。この神話はいろいろ解釈されているが、その一つに八岐大蛇は斐伊川の洪水の化身とするものがある。オロチは水を支配する竜神、櫛名田比売を稲田とみなし、毎年娘をさらうのは河川の氾濫の象徴で、オロチ退治は治水を表すというものである。

一九七二（昭和四七）年七月の洪水が戦後最大の被害をもたらしたのを契機に、建設省（現国土交通省）は〝昭和のオロチ退治〟計画とも言える抜本的な斐伊川の治水計画を立てた。それに基づいて、一九八一（昭和五六）年に洪水時の斐伊川の水の一部を大社湾に河口を持つ神戸《かんど》川に流す放水路事業に着手し、三〇年余りの年月をかけて二〇一三（平成二五）年六月に神戸川放水路を完成させた。

今後も国を治める人には、大禹や須佐之男命のような国民のための治水を期待したい。

11. 水の有り難さ

ブラジル北東部は、ポルトガル語でノルデステと呼ばれる。この地域は、年間降雨量がおよそ八〇〇ミリ以下の半乾燥地であり、干ばつのたびに疲弊した農民が流出し、その一部は大都市周辺部に形成されたファベーラと呼ばれる貧民街に入っている。ブラジルを植民地としていたポルトガルは、ノルデステの干ばつがブラジル社会の安定を脅かすため、一八世紀ごろから水資源開発をはじめ農民援助など干ばつ対策を行ってきた。サンフランシスコ川は、雨の豊富なブラジル南部の山岳地帯から北に向かって流れ、ノルデステに入り東流したのち、大西洋にそそぐ全長約二九〇〇キロメートルの大河川である。一八世紀に、ノルデステの干ばつ対策として、宗主国ポルトガル

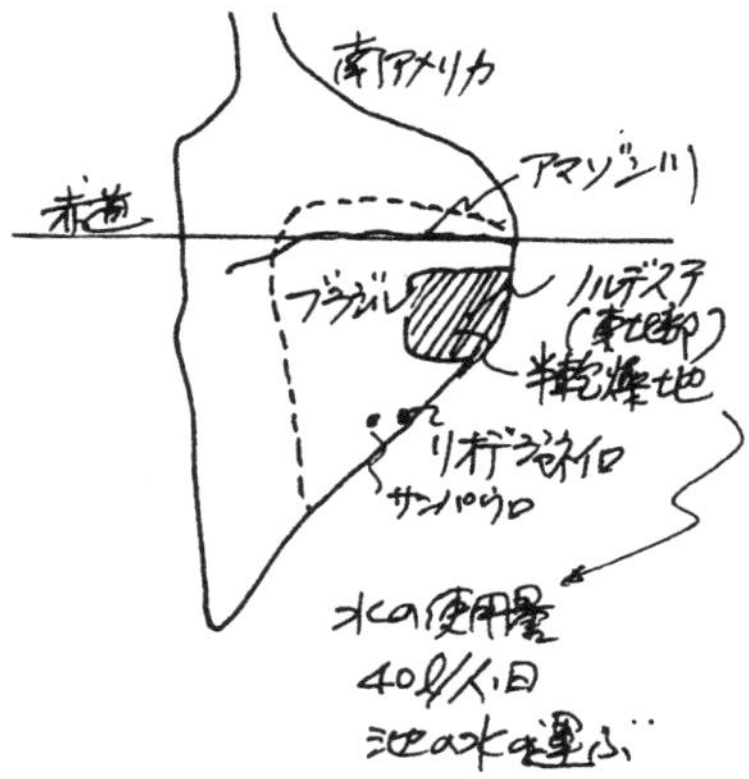

早朝生活用水を池から運ぶ子供達（ブラジル東北部農村）

はサンフランシスコ川から、農業用水を送ろうと計画した。技術的・資金的課題の他に、流域住民の理解が得られず、二世紀以上経った今日でも分水は実現していない。

一九八七年一月、ノルデステ内陸部の年間降雨量が三〇〇ミリ以下のパトス町周辺の二つの村の生活用水事情を調査した。一つは水道の無い村で、もう一つは水道施設のある村であった。どの村も三〇軒ほどの集落で中心にキリスト教会があり、その傍に大きな池が二つあった。一つは生活用水を汲む池で、もう一つは洗濯や水遊び用である。まず、生活用水の使用量や取水方法などを聞き取り調査した。次の朝、水道のない村の池で待っていると、夜明けとともに女性や子供が、二〇リットル入りのブリキ缶を持ってやって来た。片道一キロ程離れたところからやって来る者もいた。一人一日の使用水量は約二五リットル程度で、五人家族では六回ほど往復することになる。幼い女の子が二〇リットルの水の入ったブリキ缶を頭に載せて運ぶ姿は、いたいけなかった。毎日早朝の重労働にもかかわらず、干ばつで水の無い苦しさを知っている村民は水のある有り難さに感謝していた。次の日、最近水道が設置された村を調査した。水道を引いた家では洗濯も家でするようになり、一人一日の水使用量は一二〇リットルに跳ね上がっていた。それでも日本人が一人一日三〇〇リットル以上使うことを考えると、それほど水の無駄遣いをしているとは言えない。

水資源の限られているノルデステでも、蛇口をひねると楽に水が使えるようになると、人々が次第に水の有り難さを忘れてしまうことを懸念する。

12. 植生回復

滋賀県南部を流れる大戸川の右岸側（北側）には、標高四〇〇〜六〇〇メートルの山々の総称である田上山《たなかみやま》がある。万葉集にも歌われた緑豊かであった田上山では、藤原宮（六九四年）や平城京（七一〇年）の造営、東大寺をはじめ南都七大寺の建立などのために大量の巨木が伐採された。失われた緑を取り戻すため、江戸時代には水源山地の樹木伐採を制限・禁止した「山川掟の令」を出し、土砂留奉行を置き、砂防工事もしていた。奈良の木津川上流も同様で、大量の木材が伐採された。木津川への土砂流出を減らすため、現在も砂防工事がなされている。京都や奈良の都は、大戸川や木津川などの周辺のほぼ同じ気候下で成長した木材を使用し建設されている。年輪の幅は

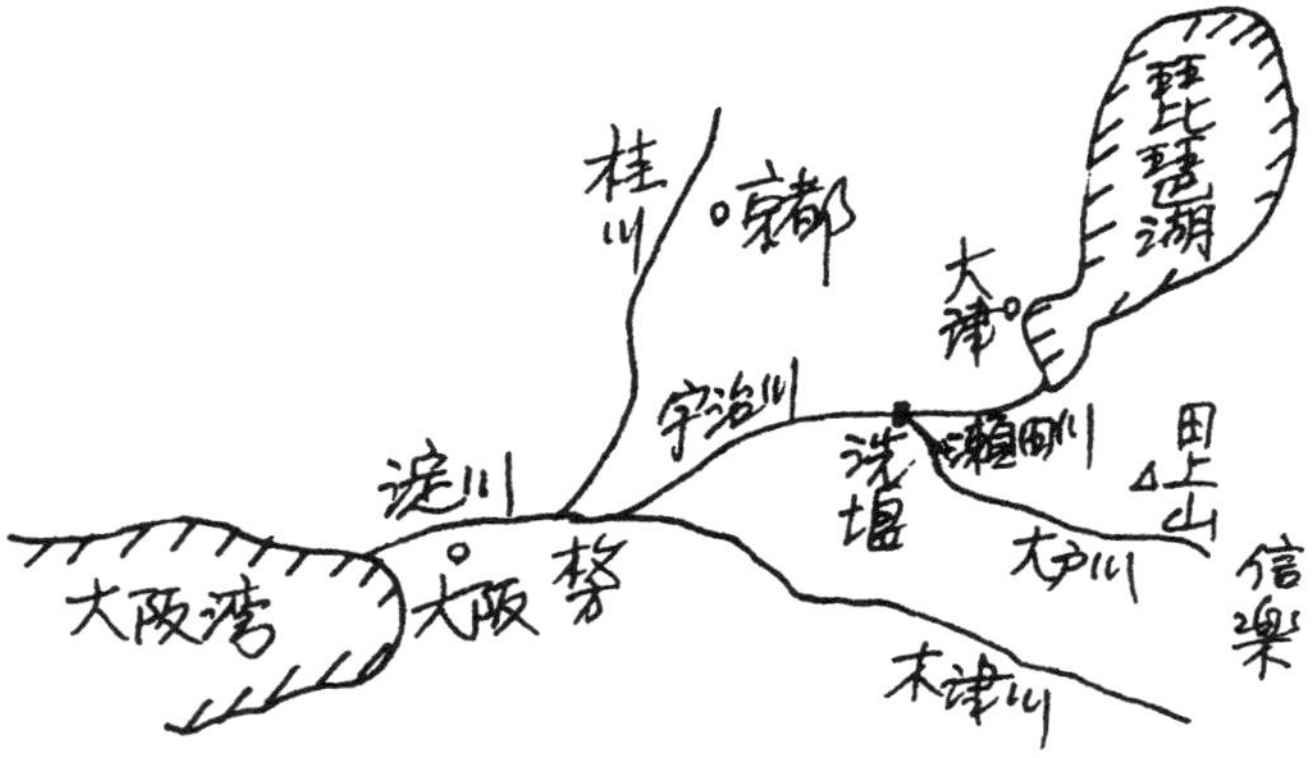

淀川流域

高温多湿の年は大きく、気温が低い年は小さくなるなど気象の変化によって影響を受ける。ほぼ同一の気象である大戸川や木津川など淀川上流域の木の年輪の変化が、建物の年輪調査によって古代から現在まで明らかにされている。このため、遺跡から出土した木材などの木の年輪を調べれば伐採年代が分かるという年輪年代測定法の利用、すなわち年輪考古学ともいえる学問に、大戸川流域は貢献しているのである。

七四二年に聖武天皇によって、大戸川上流の信楽に紫香楽宮《しがらきのみや》の造営が始められたが、山火事や地震のため思うように進まず、結局四年余りで平城宮へと再び遷都された。遺跡から出てくるヒノキの建築材料は、年輪幅の測定によって伐採された年が特定されている。田上山一帯の巨木群が完膚なきまでに伐採されてから、一三〇〇年以上が経っている。その間、禿山となった田上山からの大量の土砂は、木津川流域からの土砂とともに下流の淀川まで達し、江戸時代主要な交通手段である舟運の大きな障害となった。また、明治になって本格的な砂防工事が始まったが、流域の保水力を高めることは出来ず、しばしば起こった下流淀川の洪水は、商都大阪を苦しめた。自然破壊ともいえる古代の人間の営みに対しての自然からのしっぺ返しを受けながら、国の長年の砂防事業によって、ようやく田上山の緑が戻って来る兆しは見え始めた。しかし、かつての巨木が生い茂る緑の森林が蘇ることがあったとしても、数世紀先の事であろう。

人間は自然を利用しなければ生きていけないことは確かであるが、自然との共生を考えることの必要性を、年輪考古学が考える機会を与えてくれたように思う。

13. 河口閉塞

中国山地に源を発し北流して鳥取平野を貫流し、日本海に注ぐ千代川《せんだい》という一級河川がある。河口は観光客で賑わう鳥取砂丘の西端部にある。日本海の冬は北西の風が吹き海は大きな波で荒れ狂い、砂丘に沿う水深の浅い所では西向きの沿岸流が発生する。沿岸流によって運ばれる海の砂が千代川の河口に溜まり、河口閉塞が生じていた。毎年洪水期の前の五月には、ブルドーザーで河口中央部の土砂を押して開削する必要があった。水深が六メートル程度になると沿岸流の速度はゼロとなり砂は移動しない。私が鳥取にいた昭和五〇年代には、建設省（現国土交通省）が、河口を五〇〇メートル程沖合の水深六メートルの所まで伸ばす導流堤防を建設していた。河口導流堤防が完成してから、河口閉塞は全くなくなったそうである。ただ、海に突き出た導流堤防によって、沿岸を西へ向かう砂が止められるので、二〇キロメートルほど西の白兎海岸

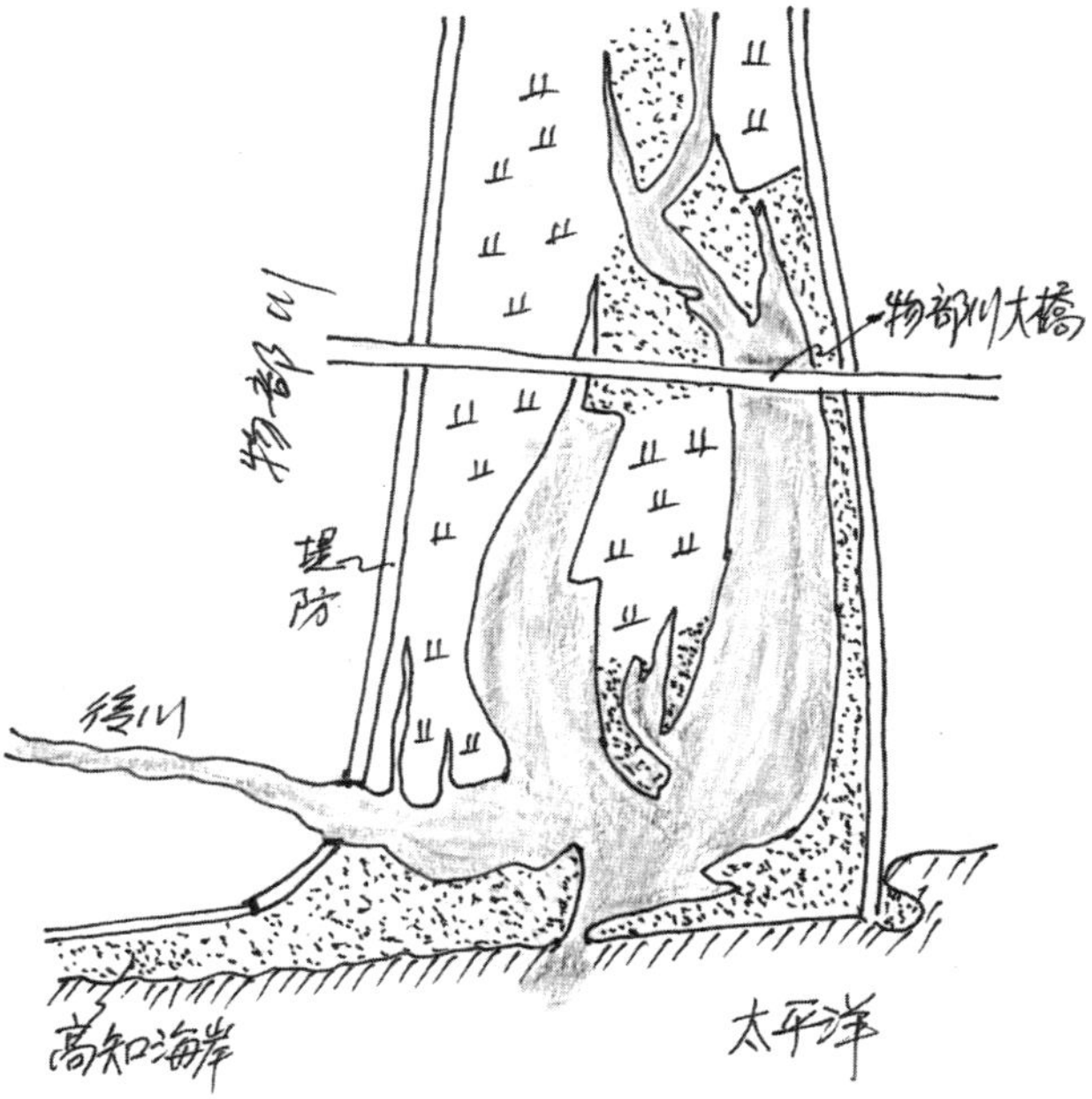

物部川河口部砂州

の砂浜がやせ細っていると聞く。山陰の多くの河川の河口が閉塞していたので、河口閉塞は日本海側の季節風による特有な現象だと思っていた。

四国に移ってから、太平洋側の河川でも河口閉塞が問題になっているのを知って、自分の勉強不足を感じさせられた。中でも、高知県東部の物部川の河口に溜まっている土砂は大量で、必要に応じて適宜、河口の中央部に、ブルドーザーで小さい水みちを開削しているという。その水みちを押し広げるように洪水が土砂を海に流してくれるのである。河口閉塞の原因は、河口に溜まった海からの砂を押し戻すほどの河川流量が無いことである。海からの砂の量は昔からあまり変わっていないと考えると、物部川の河口閉塞の原因は河川流量が減っていることと考えられる。江戸時代初め土佐藩の家老職であった野中兼山は物部川の中流部に山田堰という取水堰を造って、流域の農業用水を遠く高知城下まで送水したという。現在、流域では野菜の促成栽培用に大量の水が、中流部に統合された統合堰や合同堰で取水されていて、河口近くの河川水量は少ない。物部川の河口の西側に長く続く高知海岸に対する土砂収支は微妙なバランス状態にあり、千代川の導流堤防のような土砂を制御する構造物を設置するとしたら、影響評価の慎重な検討が必要であろう。

現在ある自然は長年の自然界の営みの上に出来ていて、人間がそれを改変するときには自然のしっぺ返しを覚悟しておかなければならないことを、河口閉塞は教えてくれている。

14. 香川用水

吉野川総合開発計画の骨子は、上流に総貯水量約三億トンの早明浦ダムを建設し、下流の徳島県での洪水を調節するとともに、ダムで貯留された水を水不足に悩む北四国の香川県や愛媛県だけでなく、徳島県の吉野川北岸農業用水や高知県の一部に分水するというものであった。洪水時に毎秒二万四千トンの日本一大きな流量が流れる四国三郎の異名を持つ暴れ川、吉野川の治水が進むことと、水不足の吉野川北岸の農業用水が確保されることから、徳島県も四国他県への吉野川からの分水を認めたのである。

一九七五（昭和五〇）年に吉野川本川に早明浦ダムと池田ダム、支川の銅山川に新宮ダムが完成した。池田ダムから讃岐山脈を貫通したトンネルで香川県に分水された香川用水は、香川県内の農業用水、水道用水、工業用水として使われ、水不足を一気に解消した。新宮ダムは、一九五三（昭和二八）年に完成した柳瀬ダムと、後に二〇〇一（平成一三）年に造られた富郷ダムとともに、銅山川三ダムとして、大量に水を使う製紙産業で日本一の出荷額を誇る愛媛県四国中央市への分水を可能にしている。また、比較的水の豊富な高知県でも、渇水になる地域があり高知分水も行われている。早明浦

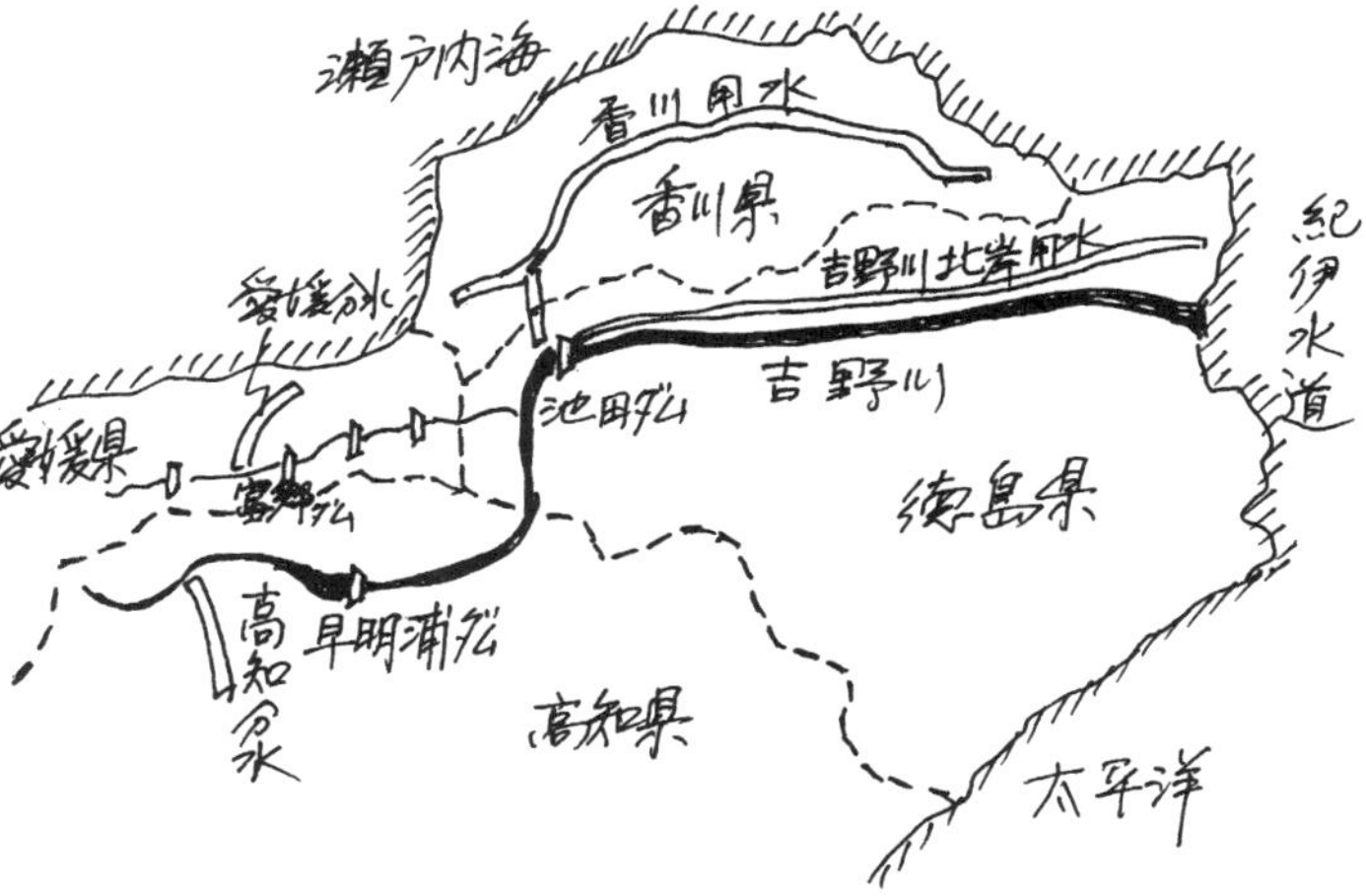

吉野川の利水状況

ダムで開発された水資源が、四国四県への分水を可能とし、早明浦ダムは四国の水瓶と言われている。

吉野川総合開発で、四国四県の水不足は、かなり緩和したものの、数年に一度は早明浦ダムも枯渇するような渇水の年が発生し、四国各県の利害が対立するような兆しが見えて来た。そのため、四国の水をより有効に利用することを目的に二〇〇六(平成一八)年から平成二五年まで「四国水問題研究会」が持たれ、計一八回の研究会で活発な議論が行われた。その結果としての最終提言書〝豊かで安全・安心な四国を引き継ぐために~水でつながる「四国はひとつ」~〟が、委員長の井原健雄香川大学名誉教授から国土交通省四国地方整備局に提出された。その中で、吉野川総合開発は、当時の四国人が四国は一つという共通認識のもとに立場の違いを超えてなされたものであり、これからの時代に即応できる新たな価値観を付加するという「温故知新」の具現化に努めなければならないと述べている。

香川用水は、香川県の水不足を抜本的に解決しただけでなく、高松を活性化することによって四国全体の発展を支えていると、研究会の議論を通して改めて感じさせられた。

15. ダム湖水の環境問題

石鎚山を源流とし愛媛県内では面河川と呼ばれ、高知県に入り仁淀川と呼ばれる一級河川の県境の直ぐ下流に、一九八六（昭和六一）年一一月に完成した大渡ダムがある。洪水調節、灌漑用水、水道用水及び発電を目的とした多目的ダムで、総貯水量が六六〇〇万トン、ダムの高さ九六メートル、ダムの長さ（堤頂長）三二五メートルの重力式コンクリートダムである。建設中の一九八二（昭和五七）年にダム上流の数カ所で地滑りが発生し、一時工事が中断したが、完成後も地滑り対策がなされている。イタリアのバイオントダムでは、豪雨による地滑りでダム湖内に流入した土砂でダムの貯水が溢れ、下流に洪水を起こしている。それを教訓に

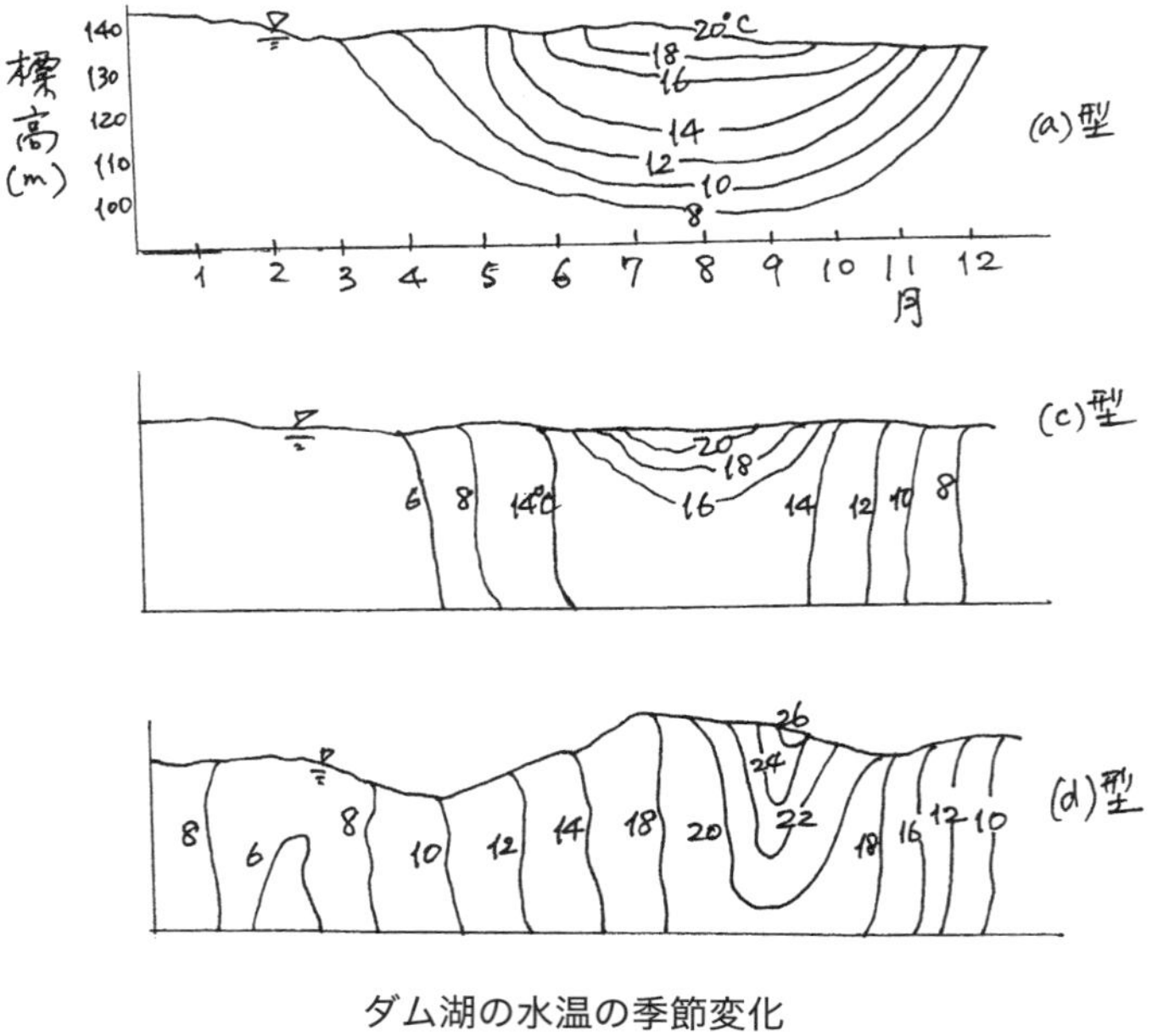

ダム湖の水温の季節変化

大渡ダムでは、アンカーボルト等によるダム湖内の地滑り対策を徹底的に行うとともに、貯水池水位が急激に低下しないようダム操作を規定するなど、地滑り対策に万全を期している。

大渡ダムのように貯水容量が大きいダムでは、洪水時に流入したシルトや粘土など細かい粒子を含む濁水が長期間ダムから放流され、下流の水利用に悪影響が出るいわゆる濁水の長期化問題が生じる。また、水深の大きなダムでは、夏季には温かい水面近くの水に比べ底の方の冷たい水を流すと、下流での農作物の成長に影響が出るという冷水問題が発生することがある。このような濁水の長期化問題や冷水問題を解決するために、大渡ダムでは四国のダムで初めて選択取水装置という設備を取り付けた。この装置は取水口を上下に移動できる取水塔であって、湖水の任意の水深から取水できるため任意の温度や濁度の水を放流することによって、濁水の長期化や冷水の放流を緩和している。

ダムの環境問題で最も大きなものは、ダム湖水の富栄養化といわれる水質悪化である。肱川上流の野村ダムは、上流の宇和町などでは人口が多く農畜産活動も活発であり、窒素やリンが多く流入する。そのためダム湖では昭和五七年の建設当時から赤潮・アオコが発生していたが、平成一〇年以降その影響は大きくなっている。対策としては水中に空気を送り貯水池内の水を循環させる曝気装置が設置されている。鹿野川ダムや石手川ダムなど多くの他のダムでも、年によっては富栄養化が問題となることがある。

ダムは治水・利水に大きな働きをしているが、ダム湖水に付随する環境問題を克服することが大きな課題となっている。

16. 三峡ダム

中国長江上流の直轄市重慶から中流部の三峡ダムまでの三泊四日の長江クルーズでは、三国志の劉備で有名な白帝城が水位上昇により孤島化し、白鶴梁など多くの貴重な史跡が水没したことを知らされた。重慶市から下流約六六〇キロメートルの湖北省宜昌市の長江三峡の最も下流の西陵峡に、洪水調節・電力供給・水運改善を目的とする三峡ダムが二〇〇九年に完成している。堤高一八五メートル、堤頂長二三〇九メートル、総貯水量約四〇〇億トンの重力式コンクリートダムである。三峡ダム発電所で世界最大の二二五〇万キロワットの発電が可能となり、河口の上海から重慶市まで一万トン級までの舟運が可能になり長江水運の利便性を高めた。ただ、ダム建設前には、一一〇万人の強制移転、名所旧跡の水没、水質汚濁や生態系への悪影響、ダムへ堆積する砂の推定とその排除が課題として指摘されていた。流砂対策については、北京の清華大学で室内模型実験がなされていて、見学したことがあった。

三峡ダムの最も大きな目的は下流の治水である。三峡ダム建設は一九一九年に孫文によって提唱され、長年戦争などで白紙になっていたが、死者一三万五千人、家屋

三峡ダム（中国・長江）

流失二〇〇万という一九三一年の大洪水を契機に、予備調査が開始された。死者三万人、家屋流失一〇〇万という一九五四年の大洪水後の一九五六年に調査が完了し、一九六三年に着工方針が発表されたが、文化大革命や建設反対運動で建設は進展しなかった。二〇年後の一九八三年に三峡ダム事業化報告書が出され、ようやく一九九二年の全人代で着工が決まった。建設中の一九九八年にも長江大洪水が発生し、一三二〇名の犠牲者が出たが、一九九四年の着工から一五年の歳月をかけて二〇〇九年に完成した。長年洪水に悩まされていた武漢など下流の人々にとっては悲願であった。ただ、発電・舟運のためと洪水の犠牲者を激減させる三峡ダム建設による代償は大きなものがあった。二〇〇七年までに一四〇万人が強制移住をさせられ、今後も移住予定の住民が多数いるという。貯水によるダム湖斜面など周辺での地滑りやがけ崩れの多発と土砂の流入、多くの文化財・名所旧跡の水没、人口が三〇〇〇万人を超える上流の重慶市などからの汚水流入による水質悪化なども深刻な課題となっている。

三峡ダムは、建設のための様々な代償ゆえに国内外から厳しい批判を受けているが、困難な課題を克服して将来に亘って人命・財産を守るという治水の役割を果たしてほしい。

17. イタイプ水力発電所

ブラジルとパラグアイの国境を流れるパラナ川に一九九一年に完成したイタイプダムは、二〇〇九年に中国の三峡ダムができるまで、長年世界最大の水力発電ダムと言われてきた。下流一〇キロメートル地点でブラジルとアルゼンチンの国境を流れるイグアス川と合流するが、イグアスの滝は合流点から約二〇キロ上流にある。最大一四〇〇万キロワットで当時世界一の発電量を誇るイタイプ発電所をもう一度見ておこうと訪れたのは、二〇〇八年であった。ダムは並列にいくつか造られていて堤頂の総延長七・七キロ、最も長いものは一四〇六メートル、最大高さ一九六メートル、貯水量二九〇億トンである。発電所のコンクリートの巨体を近くで見ると、全体像が全く分から

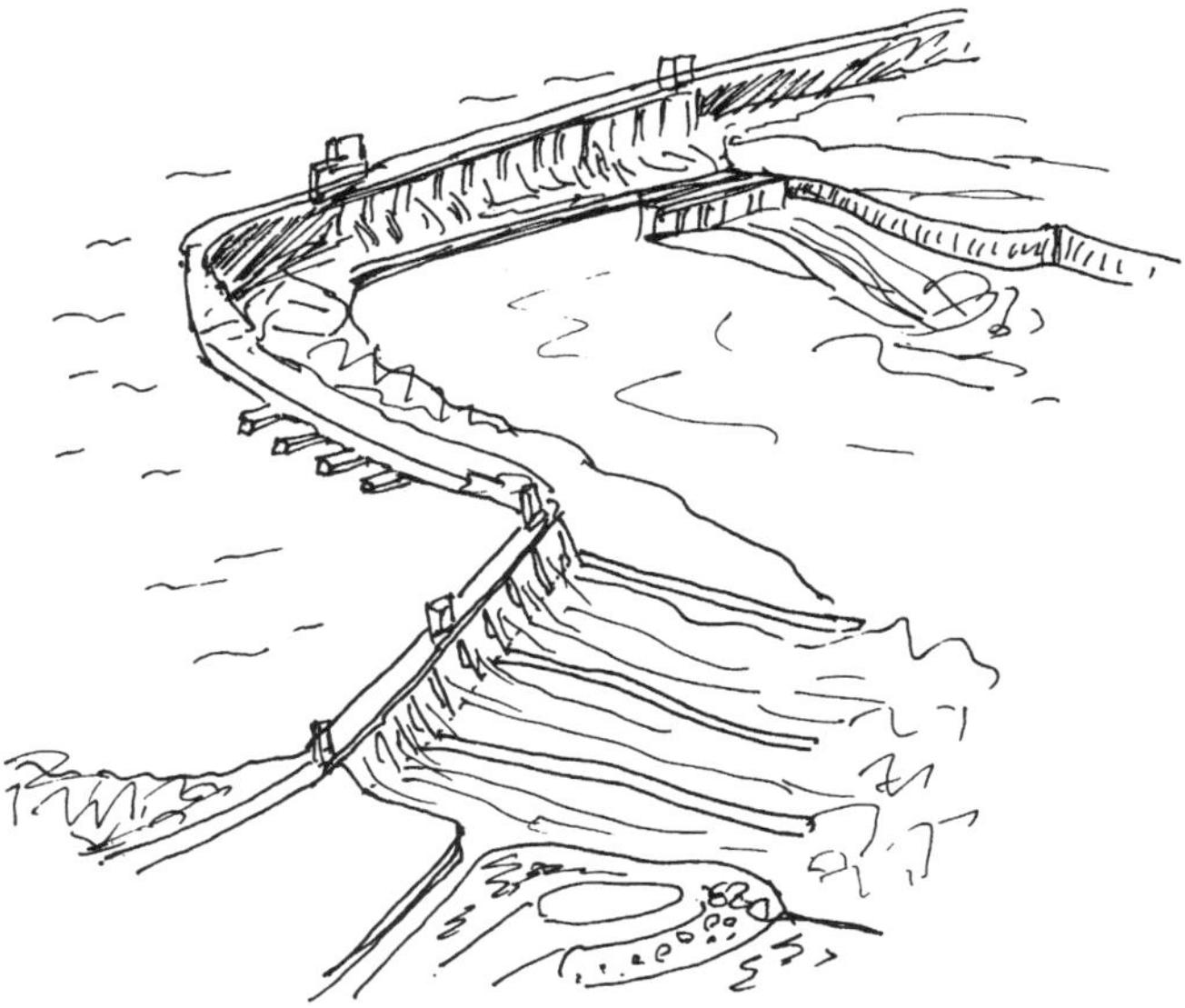

イタイプダム（ブラジルとパラグアイの国境のパラナ川）

ないほどで、スケールの大きさを改めて感じた。イタイプ水力発電所は、ブラジルとパラグアイが共同で開発したもので、発電の半分の利用権はパラグアイにあるが消費しきれず、残りはブラジルに売電しているという。

ブラジルでは二〇一四年時点で七〇パーセント近くを水力発電が占め、バイオマス・風力など再生可能エネルギーが約一〇パーセント、火力発電が二〇パーセント足らず、原子力発電が二パーセント強程度となっている。アマゾン川流域には、水力発電に適した場所が多く残っており、例えば、発電能力一一〇〇万キロワットの「ベロモンチ水力発電所」をアマゾン川支流に建設中で、二〇一九年に完成すれば、三峡ダム、イタイプダムに次いで世界第三位となる。このようにブラジルでは、開発すれば水力発電だけでも全電力需要を賄うことができる状態である。ただ、水力発電は降雨の影響を受けやすいのが弱点で、水力発電のバックアップとして、火力発電などの代替電源の確保が重要な課題となっている。

水力発電所は一度作れば、太陽のエネルギーで大気を循環する水を利用しながら、半永久的にクリーンなエネルギーを生み出してくれる。雨が多く水の豊富な日本では水力発電は魅力的で、大規模な水力発電は高度経済成長時代に開発し尽くされた。その後の大幅な電力需要の増加には主に火力発電と原子力発電で対応し、一九五五（昭和三〇）年にほぼ八〇パーセントであった水力発電の割合は二〇〇五年には八パーセントまで低下している。

日本では無理としてもせめて世界全体では、河川水を利用した水力発電によるクリーンなエネルギーの割合が増えることを期待している。

18. 屋根付き橋

面河渓谷のような大きな河川渓谷だけでなく、小河川が作る渓谷にもそれぞれ持ち味があり、訪れる人々の心を和ませてくれる。肱川支川の河辺川上流の渓谷もその一つである。何十年か前になるが、「マディソン郡の橋」という映画が話題となった。確か初老のカメラマンと平凡な主婦の数日間の恋物語であったと思う。年老いても胸をときめかす恋心に、単調な毎日を送っている主婦層が共感したのであろうか、日本でもブームとなった。二人の出会いは、カメラマンが地元の主婦に「マディソン郡の橋」の場所を尋ねたことであった。この橋は屋根付きの橋で珍しく、被写体としては興味を引くものであった。

御幸橋（肱川支川の河辺川）

河辺川の上流にも、いくつかの屋根付き橋が架かっている。河辺川の上流は川幅がせいぜい十数メートル程度で、橋の規模はマディソン郡の橋より一回り小さいものである。何故この河辺川に屋根付き橋が多く作られたのかはわからない。

橋の構造は各々の橋で少しずつ違っているが、基本的には軸方向に大きな梁があり左右両側に傾斜の屋根を持つ切妻型をしている。遠くから見ると一見、屋形船に似ている。橋幅はリヤカーが一台通れる程度であり、天井の高さは二メートル以上ある。屋根付き橋は多目的に利用されていて、村人たちのコミュニケーションの場としての役割は大きいのではないか。雨宿り、大根干し、休憩、弁当を食べる場所にもなっているという。代表的な屋根付き橋の一つに、最も上流の御幸橋がある。右岸側の集落から左岸側の鎮守の森にある天神社へ行くためのこの橋を、坂本龍馬が土佐藩を脱藩したときに逆に渡ったといわれている。すなわち、龍馬は土佐側の裏山から天神社に下り、この屋根付き橋を渡り肱川の河口へと向かったのである。

橋の下に目を転じると、苔むした巨岩の間を縫うように水が流れている。所々で段落ちとなった流れは空気を巻き込んで白い清流となり、その下流では跳水となってエネルギーを逸散させる。昔から変わらぬこの自然の営みを見ていると、喧噪から逃れ安らぎを求めに来た人に、河辺川の清流は確かに元気を取り戻させてくれる。ふと、マディソン郡の橋のカメラマンの〝胸のときめき〟が理解できるような気がした。

河辺川は、下流に建設予定の山鳥坂ダムで河川の治水利水機能を果たすだけでなく、今後とも訪れる人を癒やしてくれる渓谷の環境機能を果たし続けてほしい。

19. 大河津分水堰

松山市高浜沖の興居島に宮本武之輔の顕彰碑と胸像がある。武之輔は一八九二（明治二五）年に興居島に生まれ、戦前、内務省（現国土交通省）の河川技師として活躍した人で、地元愛媛県ではあまり知られていないが、新潟県では恩人として広く慕われている。

日本一長い信濃川は、長野県では千曲川と呼ばれ新潟県に入り信濃川と名前を変

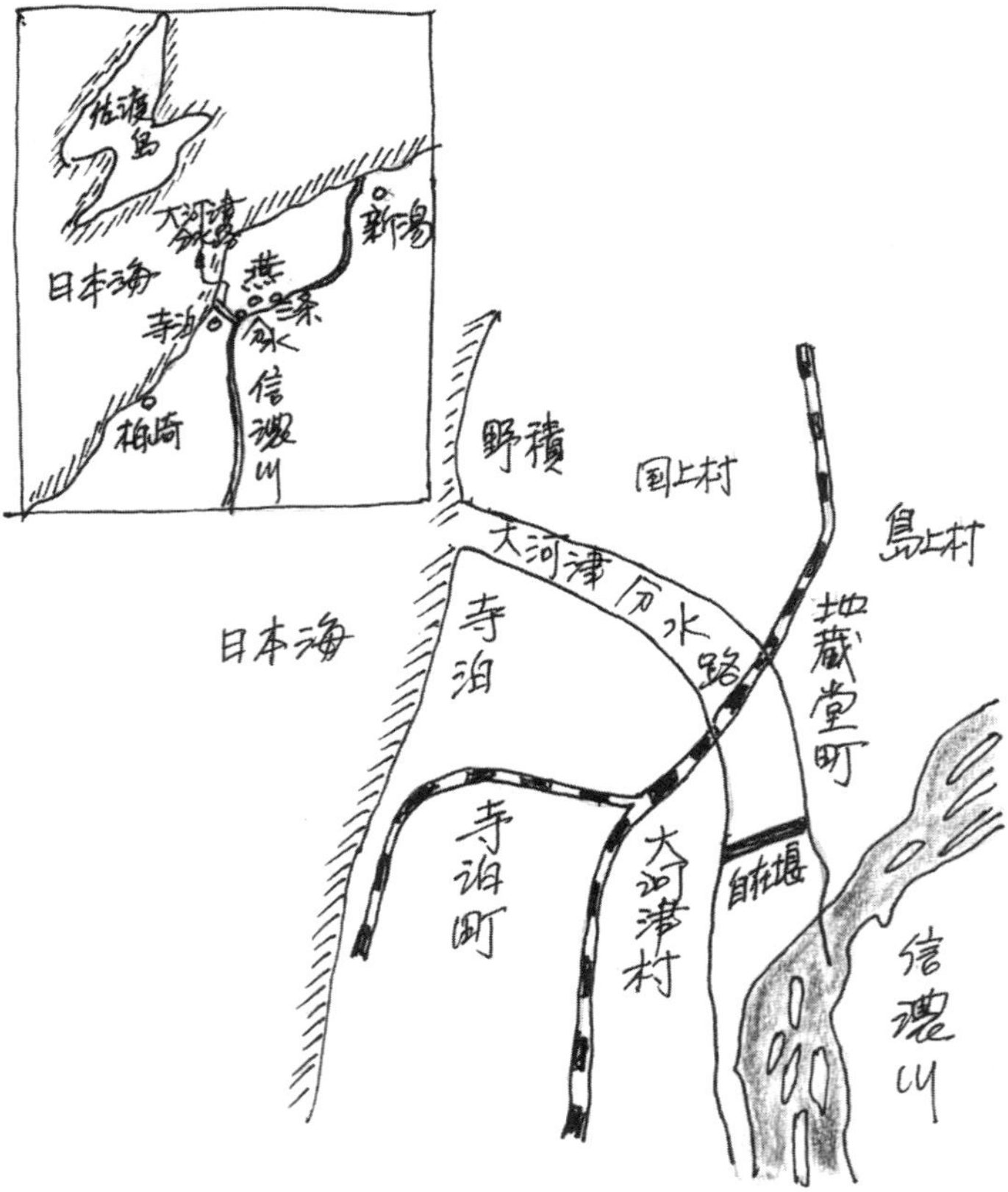
佐渡島
大河津分水路
新潟
日本海
燕
三条
寺泊
分水
信濃川
柏崎
野積
国上村
島上村
大河津分水路
日本海
寺泊
地蔵堂町
寺泊町
大河津村
自在堰
信濃川

大河津分水計画図

え、燕市・三条市を経て新潟市で日本海に注いでいる。燕市に分水という地区があり、この分水から最短で信濃川の洪水を日本海に放流する水路が、大河津《おおこうづ》分水路である。一八九六（明治二九）年の夏、台風くずれの熱帯低気圧による豪雨のため、現在の大河津分水堰地点よりやや下流の横田地区で約三六〇メートルにわたって破堤し、流域は濁流に呑まれ大災害となった。これを機に明治四二年に、大河津村から日本海に面した寺泊町までの約一〇キロメートルの大河津分水路の開削工事が着工された。三度に亘る地滑りや風土病のツツガムシ病などで困難を極めた工事が完成したのは、着工から一三年後の一九二二（大正一一）年だった。

そのわずか五年後の一九二七（昭和二）年六月二四日に、分水路と信濃川本川との流量配分を制御する分水路入口に設けた自在堰が壊れてしまったのである。自在堰復旧工事の現場責任者は、元の堰の設計者であった岡部三郎技師の一高（現東大）入学時代からの親友であり、主任技師となったばかりの三六才の宮本武之輔であった。武之輔は、新潟土木出張所長（現国土交通省北陸地方整備局長）となった青山士《あきら》の下で、内務省の全責任を負わされていた。可動堰修復建設途中の一九三〇（昭和五）年七月終わりから八月初めにかけて、一九一四（大正三）年以来の集中豪雨に見舞われ、仮締め切りを自ら破壊せざるを得ない事態も発生したが、現場作業員や周辺農民などとともに困難な事業に立ち向かい、成功させた。武之輔は新潟県では大恩人として感謝されており、大河津分水資料館に青山の隣に並んで顕彰展示コーナーが設けられている。

二〇〇三（平成一五）年、国土交通省北陸地方整備局は、武之輔が補修した可動堰が老朽化していたため、堰の改築事業に着手した。八〇年間の役目を終えた武之輔の旧可動堰から約四〇〇メートル下流に建設された新大河津分水堰は、次の世紀まで信濃川の洪水を制御し実り豊かな越後平野を守ることだろう。

20. 河川伏流水

水資源としての地下水の利用は、西条市や松山市などで活発にされている。松山市の地下水は重信川から右岸平野に流れ出た伏流水で、西条市の地下水は加茂川の伏流水である。

重信川中流部の旧流路跡は沖積地堆積層となっており透水性が大きく、河川水を伏流させ豊富な地下水帯となっている。松山市の都市用水の約半分はこの重信川中流右岸部の伏流水に頼っていて、重信川右岸平野部の自由地下水が井戸からポンプで揚水されている。かつては重信川周辺には伏流水による多数の泉があり、農業用水として使われていた。今でもいくつかの泉が残っていて本来の役目を果たしているばかりでなく、新たに周辺市民に水に親しむ場を提供している。

西条市の地下水は被圧地下水で、井戸を掘ると「うちぬき」と呼ばれ自噴井となる。西条市は地下水が豊富な「水の都」で、市内のいたるところに自噴井がある。市西部を北流する加茂川は急峻な山地部から洪水時に多量の土砂を押し流したため平野部で天井川となっている。そのため、河川水の一部は流下していくうちに河床に浸透し地下伏流水となる。ただ、河床の砂礫が細かい粘土質の土で覆われ、河床がいわゆる目詰まり状態になれば浸透水量が減り、地下

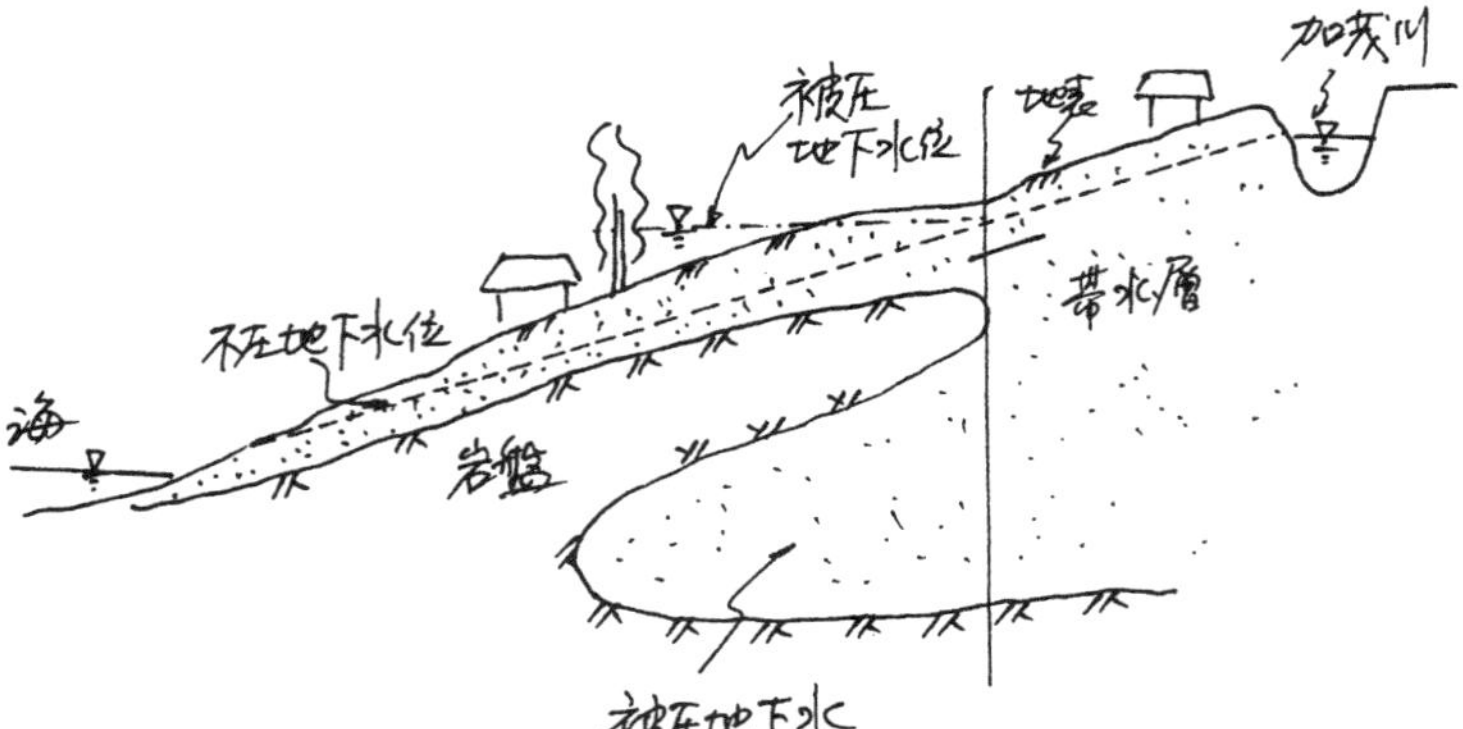

西条市の地下水

水位の低下・自噴圧の減少・自噴地帯の縮小などが起きる。大洪水が発生すれば河床の砂礫が動かされ細粒の粘土分が洗い流されるために、大洪水後の地下水位は回復する。黒瀬ダムによって洪水が調節され大洪水が生じなくなったことから、河床の大きな砂礫が長期間移動しにくくなっているという。一九八五（昭和六〇）年以降目詰まりが進行し、一九八七（同六二）年には自噴井の出が極端に悪くなった。このため、西条市は加茂川の武丈公園地先と伊曽乃橋の間三〇〇メートル区間と、国道加茂川橋と鉄道橋との間三〇〇メートルとの二カ所の河床にブルドーザーによる深さ二メートルの掘割を作った。この掘割の浸透量の調査をした西条市の観測結果によると、小規模な掘割でも浸透量を大幅に増やすことができると確認された。西条市がいつまでも「水の都」として良質で豊富な水を享有するためには、加茂川の流れの保全に常に意を注いでいく必要があろう。

河川の伏流水は、地下水や泉となり一部は自噴することによって、大きな水資源となっている。伏流水の適切な管理や開発も、水資源対策の一つとして重要である。

21. 河川敷公園

パリのセーヌ川やロンドンのテームズ川などに見られるように、世界の大都市のほとんどは大河川の周辺に市街地が広がっている。そこでは河川の広い高水敷は都市公園として、市民や観光客の憩いの場となっている。公園や緑の少ない大都市においては、人々が河川空間を水に親しめる場として整備する要請は高い。

治水・利水に支障のない範囲で、河川の環境整備がなされるが、どのような目的でなされるか等の議論は、市民を巻き込んで行う必要がある。特に河川は地域性があり、地域住民が河川の役割に期待するものは、必ずしも同じではない。河川敷公園を誰が使うかによっても、整備の仕方が全く異なる。これまで、高水敷を石で舗装し、水辺に近寄り易いように石張りの階段護岸が設けられた。人々が水に親しむためには、水質が良いことが前提で、常時水の流れている低水敷はできるだけ水生生物や植物に配慮した多自然整備は必要であろう。その上で、利用者の

自然石で修景された親水護岸と鵜飼船付場（肱川・大洲）

目的にかなうような整備が必要となる。ランニング等の運動をする人や自転車利用者が増えれば、専用レーンが必要となるかもしれない。老人や身障者が増えれば、バリアフリーやユニバーサルデザインの視点が重要になってくる。河川敷空間を公共施設と考えると河川高水敷の有効利用や使いやすさが求められる。駅や公共施設の移動不自由者への配慮はかなり進んでいるが、大都市内の河川敷公園でもそのような配慮が求められる時代となっている。

日本においても大都市だけでなく、地方の都市でも公園の整備の一環として、河川の高水敷空間の利用は大きな可能性を秘めている。これまで、立派に整備されながら、ほとんど利用されていない公園もみられる。一方、メンテナンスに市民が参加し、イベントや自然観察会など、活発に利用されている河川敷公園もある。重信川本川や西条市の加茂川など郊外を流れる川と石手川のように市街地中心部を流れる川とで河川敷の在り方がかなり違うが、河川敷公園が都市の活性化の拠点となることが期待される。そのためには利便性を高めるアクセスの充実、ベンチやトイレなどの現地施設の設置など、市民が使いやすいようにする工夫が望まれる。

広々とした河道空間のより一層の活用は、高度に集中した市街地で生活する市民に大きな潤いをもたらすものと考えている。

22. 流域風土

大地表面における大気と水の循環によって地域に特有な環境や文化がつくり出され、それは風土と呼ばれる。河川の流域は普通、分水界である山の嶺を連ねる閉鎖域であ

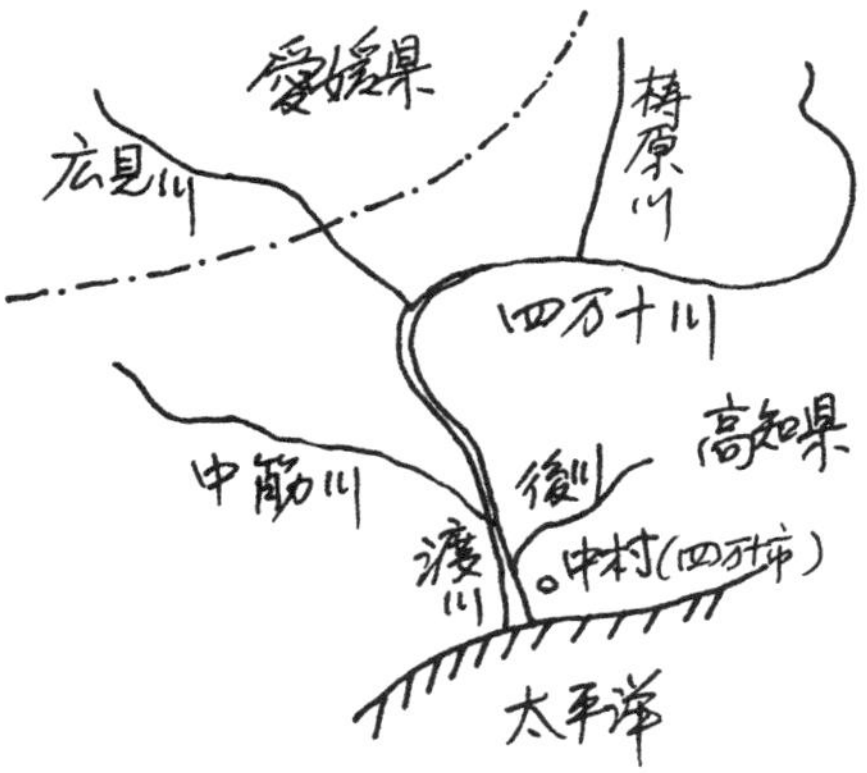

四万十川と広見川

ることが多い。このため、交通の発達する以前は流域間の人や物の交流が少なく、各河川の流域にはそれぞれ特有の風土が形成されていた。和辻哲郎の名著『風土』では、モンスーン地帯、砂漠地帯、ヨーロッパのそれぞれの気候がそれぞれの文化や人間性の大きな違いを生み出したことが述べられている。このような地球規模の議論はさておき、日本や四国と地域を限っても、河川ごとに風土は微妙に違っている。

広見川は〝日本最後の清流〟と呼ばれる四万十川上流の支川で、愛媛県南部の北宇和郡の旧日吉村地蔵山（標高一〇九六メートル）付近に源を発し、途中三間川をあわせて松野町を流れ、高知県の旧西土佐村で四万十川の本川に合流する流路延長約五六キロメートルの河川である。中流部の旧三間町は〝三間米〟の名で親しまれている稲作を中心とする農業の町であるが、谷が浅いため古くより水の確保に苦労をしている。下流の旧広見町は中山間地域に位置し農林業を生業とし、ＪＲ予土線が走る地域の文化・経済の交流に重要な役割を果たしている。近年の広見川の水量は減少傾向にあるが、これは流域の総面積の八二パーセントを占める森林のうち、杉や檜などの人工林が増加して六七パーセントを占めるようになったためだと考えられている。常緑人工林は水の蒸散を増加させるとともに、落葉が少ないため土壌の保水能力を低下させるといわれている。ただ、川の水量は減少したものの蛇行部の淵や瀬を中心に、ウナギ、アユ、マス、モズクガニなど多くの魚介が生息している。独特の漁法が四万十川には残っているが、下流の火振り漁と並んで広見川でのウナギのジゴク漁はその代表的なものである。餌のミミズなどを入れた木製の筒に一度入ったウナギは出られないことから「地獄」と呼ばれている。このジゴク漁によって捕らえられた天然ウナギはこの地方の名物になっている。

昨今、都会の多くの人々が何を求めて四万十川に来るのであろうか。四万十川流域は日本全体で起こった風土の画一化を交通が不便であったが故に免れられた。和辻の言うように風土が人間性を規定するとしたら、流域に残っている特有の風土・人情を求めて来るのではなかろうか。観光ブームとともに流域の人々の生活様式の変化が速くなり、独特の人情・風土が画一化されると四万十川流域の魅力は急速に失われることだろう。広見川に限らないが川を生かした町づくりによって流域住民が得る豊かさや利便性は、かろうじて残っていた地域の個性を確実に失うという代償を払わなければ得られないものなのであろうか。

23. 節水型都市づくり

「湯水のように使う」という比喩があるように、かつての日本には水が豊富にあり、あまり価値のあるものとは考えられていなかった。しかし、生活水準の向上や産業の発展過程で、水の消費量が増大し「水の使用量は文明のバロメーター」と言われるようになっている。生活を清潔にかつ豊かにするためには、市民が不自由を感じることなく水が使えることが必要に思える。東京都水道局によると、家庭で使う水の三〇パーセント近くは水洗トイレに使われて、衛生環境を向上させていると言う。松山市の姉妹都市であるドイツのフライブルグでは中心市街地に浅い水路網があり、常時水が流されている。かつてあれだけ豊富な地下水と多くの泉があった平野に発達した松山の中心繁華街に、せせらぎや噴水など市民を和ませる仕掛けが見当たらないのは残念である。山紫水明と言われるように、水が豊かで美しい所では心も豊かになる。

水不足の解消には、松山市のように水資源開発が容易にできない場合には、市民の水使用量を減らすいわゆる節水をすることが必要となる。松山では一九九四（平成六）年の大渇水を機に、節水型都市づくりが進められている。水道管からの漏水を減らし、節水機器の推奨などがなされているが、市民の節水意識を高める広報が柱となっている。当時、水不足が深刻であった福岡市の事情を調査に行ったとき、激しい雨が降っている博多の駅前で、市民に節水を呼びかけるビラ配りがなされているのに驚いた。

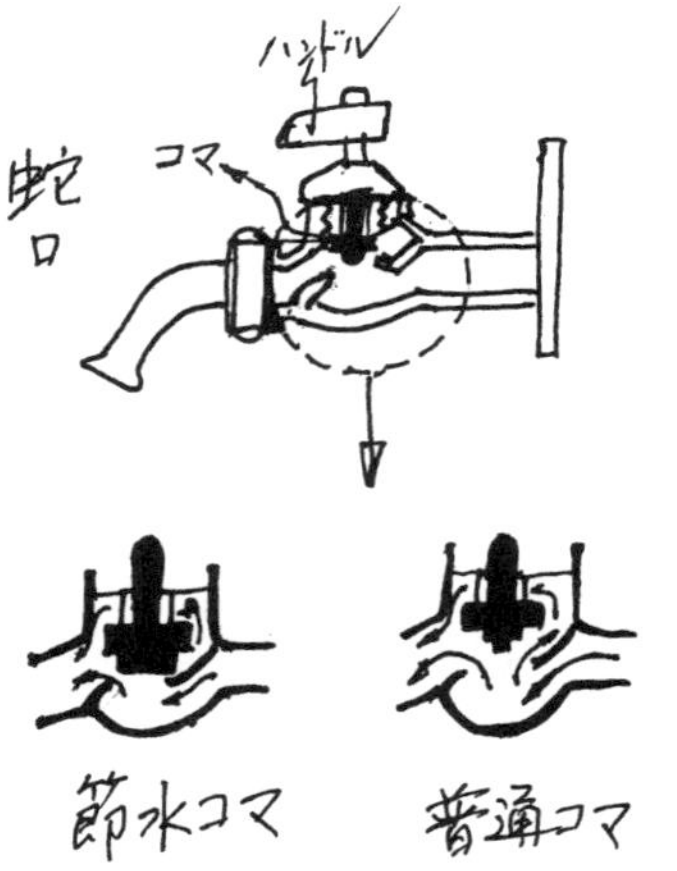

節水コマの例

現在、松山では一人一日に使う水は、三〇〇リットルよりかなり少なく、市民の節水意識は高まっていると言われている。

水資源開発がハードな対策とすれば、節水はソフトな対策といえる。河川洪水のソフト対策である予報警報避難を効果的に行うためは、市民の非常時に備える意識を高めておく必要がある。水不足対策も同様で、非常時である渇水時の給水や節水にどのような体制で臨むのかを行政だけでなく市民の意識を日頃から高めておくことが大切であろう。そのことを前提にするなら、節水型都市づくりは、水の豊富な平常時は節水を意識することなく水の恩恵を市民が受けられるような都市づくりでなければならないと考える。

平常時には水が十分あると市民が感じることが、心豊かな市民生活を送る上で不可欠であり、節水型都市づくりと合わせて、更なる水資源開発にも期待している。

24. 生物多様性

最近、生物多様性が重要であるとの議論が高まり、多様な生物の棲む場である自然を守るため、市民の意識を変えようとする動きが活発となっている。その場合、あるべき自然の姿についての人々の共通認識が確立していなければ、議論がなかなかかみ合わない場合が生じることが考えられる。四〇年前ヨーロッパで河川工学を勉強していた時、スイス山中の自然の滝に魚道を付けることが議論されて、びっくりしたことがある。日本ではダムや堰を人工的に作った時に魚道を設けるのは当たり前であるが、自然の滝に大々的に魚道を造ることはあまり聞かない。発想した人は、ありのままの自然は大抵の場合〝悪〟で、自然は矯正しなければならないと思っていたようで

愛媛県レッドデータブック2014

あった。例えば、人間の子供を生まれた自然の状態で放任していたらどう育つか。矯正・教育しなければならないのは明らかであろう。ただ、パリ郊外のベルサイユ宮殿の庭園を見た時、人が刈り込んだ木々や幾何学的・対称的なあまりに人工的な植生の配置を美しいとは感じなかった。日本では自然はそのままが〝善〟で、改変することが〝悪〟となっている。洋の東西で自然観が大きく違うことを実感させられた。

若い人との生物多様性の議論に参加させていただているとき、何かかみ合わない時がある。幼い時に山の中で育った一昔前の私にとっての自然は、ほとんど人の手が加わっていない〝原始自然〟であるが、若い人は木々の繁った公園や京都の北山杉のような人の手が加わっている〝人工自然〟やせいぜい里山を理想的な自然として議論をしている。そこには背の丈を越える鬱蒼とした雑草はなく、人に危害を加える毒蛇・蜂・蚊などは駆除され、野犬・サル・イノシシなどの存在は許されない。東洋人と西洋人、都会の人と田舎の人、老人と若者それぞれの違った自然観を持っている人々が、自然や生物多様性を議論する難しさを感じている。ただ、それぞれの自然観の中での生物の種類は全く異なっていて、どの種を守るべきかなどもかなり異なっている。誰かが価値観や自然観を統一した途端に、生物の多様性は大幅に限定されるように思える。

もしかして、自然に対する共通認識を確立しないで自然観の多様性を認めることが、生物多様性の議論に最も有用ではないかと言ったら、言い過ぎであろうか。

25. 四国三郎吉野川

徳島県に河口を持つ吉野川は四国三郎と呼ばれ、坂東太郎の利根川と筑紫次郎の筑後川と並んで、暴れ川の代表である。四国は台風が常襲し梅雨前線の停滞などで集中豪雨が頻繁に起こり、吉野川上流の山間部は年降雨量が三〇〇〇ミリ以上の多雨地帯である。その上、地形が急峻であるため、降った雨は一気に河川に流れ込む。吉野川の基準地点岩津での一五〇年に一度の最大洪水流量は、上流にダムなどがないとしたら毎秒二四〇〇〇トンにもなる。この量は利根川よりも多く、日本一である。ちなみに重信川では毎秒三三〇〇トンと七分の一である。吉野川では、江戸時代に洪水を防ぐための堤防を築く努力はなされたが、小規模で貧弱な堤防で水害は後を絶たなかった。とくに、一八六六（慶応二）年の「寅の水」と呼ばれる洪水では、死者が二一四〇人とか三万人であったとかの記録が残されている。到底人間の手で洪水を制御できないため、藩政時代には本格的な堤防を築かない、いわゆる無堤防政策をとった。そのため吉野川の氾濫水が運ぶ肥沃な土砂を自然客土として利用した藍作が盛んとなり、阿波藍は藍染め市場を席巻し、藩の財政を支えたといわれている。

吉野川に限らず、かつては洪水の氾

岩津村より下流の吉野川の略図
（建設省徳島工事事務所『デ・レーケ吉野川検査復命書』より）

氾濫原は田畑とし、住居は洪水を避けて小高い所に建てられていた。明治以降、洪水に対して堤防を築くという築堤政策を進める過程で、氾濫原に人が住むようになっていった。明治時代に全国大河川の治水計画を立案したのは、御雇技師ヨハネス・デ・レーケでオランダ人技師である。彼は、一八八四（明治一七）年に吉野川の調査を行い、「吉野川検査復命書」を提出し、これに基づいて舟運の便と流路を固定するための低水工事が始められた。ヨーロッパを旅行すると低地に広がるオランダの風景と、丘の上に造られた街並みのイタリアの風景とが対照的であることが分かる。イタリアは低地でのペストの流行を避けたといわれるが、明治政府がイタリア人技師を雇っていたら、低地のみのオランダと違ってイタリアと同じく山の多い日本の風景は変わっていたかもしれない。

堤防を築き洪水の危険度が低くなって氾濫原に人が住むようになると、その集落を守るためにより堅固な築堤を行い、更に人が集まるという循環に入る。今日、日本では洪水の氾濫原に七〇パーセントの人間と資産が集中している。吉野川でもこれまで堤防やダムの建設など洪水対策に大きな労力とお金を使ってきたが、治水安全度を増すための洪水対策は未だ道半ばと言える。

26. 輪中と内水災害

河川に関係している人には常識であるが、河川の右岸左岸は下流に向かって右か左かを示し、堤防の内と外は人間が住んでいる方が内で河道内が外である。河川工学を習い始めた頃、堤内地や内水災害という言葉が堤防の〝外側〟で人間が住んでいる所を示すことに戸惑いがあったが、濃尾平野の集落を取り囲む輪中堤防を知って納得した。

濃尾平野には大きな川が西から揖斐川、長良川および木曽川の三川がある。揖斐川は岐阜県大垣市を南下し桑名で伊勢湾に流入し、長良川は岐阜市を流れ河口近くで揖斐川と合流する。木曽川は長野県で木曽路に沿って流れ岐阜県を西流し岐阜市で南に向かい長良川に沿って流れるが揖斐川や長良川に合流することなく伊勢湾に流入する。木曽川は、尾張名古屋の北部を東から西に流れ、途中から岐阜県境を北から南に向いて流れている。木曾三川が集まる下流では湿地が広がり水害がしばしば起こったため、鎌倉時代以降、集落全体を堤防で囲った多くの輪中が作られた。堤防で守られた人が住む輪中の中が堤内地であり、輪中集落の外が堤外地であることは理解できる。江戸時代には「木曽川の右岸は左岸より三尺低かるべし」ということが決められていたようである。徳川御三家の尾張藩に木曾三川の洪水被害が出ないように、木曽川の右岸堤防を低くして堤防の決壊は美濃側で起こそうというものであった。一七五三（宝暦三）年に江戸幕府は、薩摩藩に木曾三川を分流することによって治水をするよう命じたが、三川を切り離すことによって輪中同士や尾張藩との利害が対立し、三河川を完全には切り離すことはできなかった。そのため薩摩藩のこの宝暦治水工事でも輪中地帯の洪水を治めることはできなかった。輪中堤防はこの地方だけに見られる独特の構造物であったが、明治時代以降、木曾三川の大規模な治水事業により輪中の必要性は無くなり多くが取り壊された。学生時代、木曾三川の見学に行き濃尾平野を車で走っていて、輪中堤の跡を乗り越えるたびに車が登り降りを繰り返して乗り心地が悪かったのを記憶している。いまでは都市化

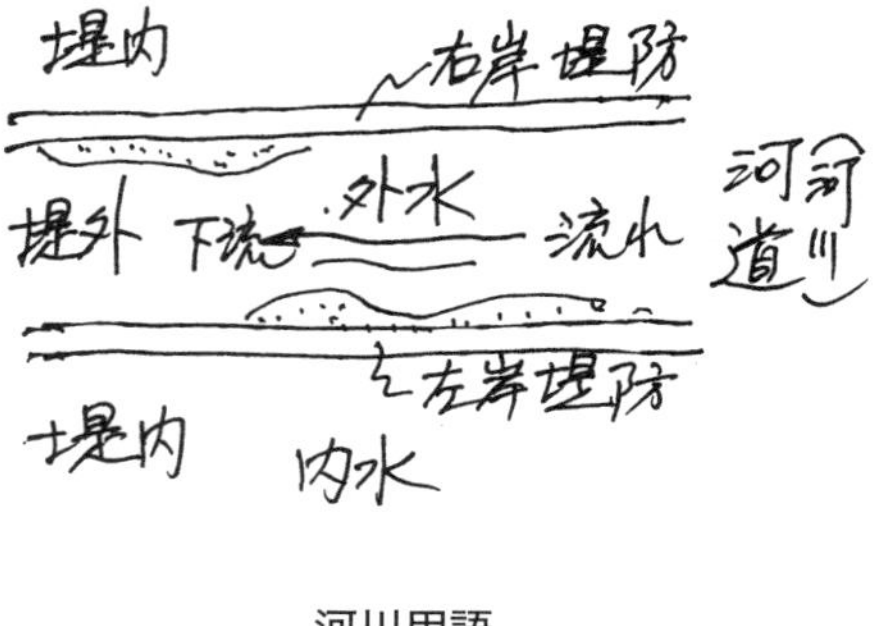

河川用語

が進み、濃尾平野の治水の歴史を示す輪中の痕跡は少なくなっている。

　戦前は洪水災害といえば、河川堤防が決壊して外水（河川水）が堤内地に流れ込み、家屋を流す外水災害で主であった。最近は昨年の鬼怒川の決壊のような外水災害はまれで、堤内地の水を堤外に排除できないために床上浸水や床下浸水が起こるいわゆる内水災害がほとんどである。

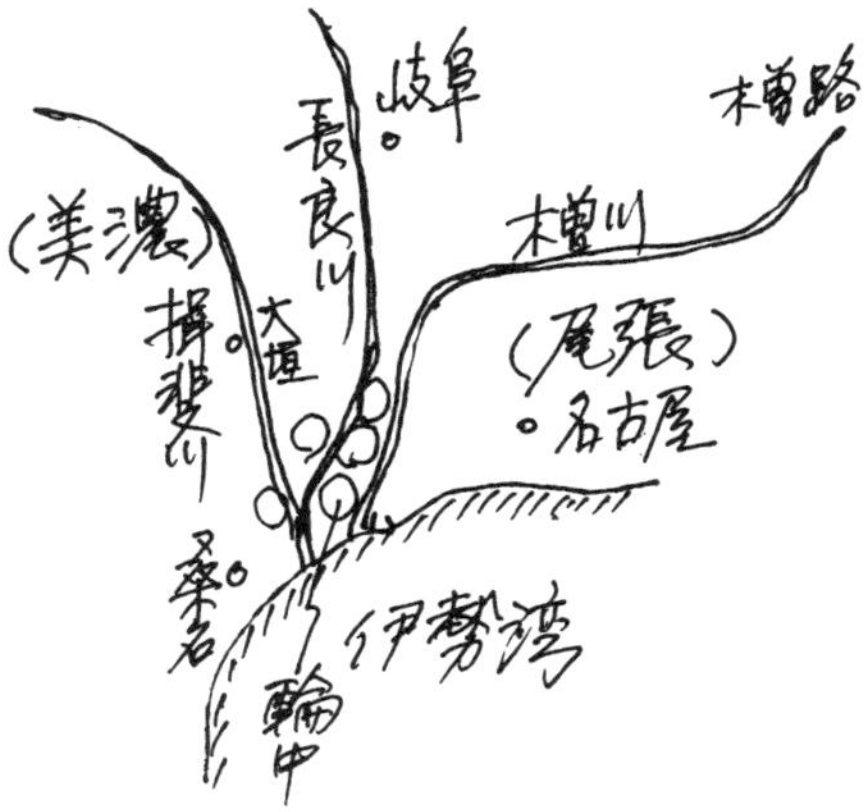

木曽三川

27. ダムの再開発

戦後一九五〇（昭和二五）年の国土総合開発法の施行以降、全国各地の河川で多くの多目的ダムが建設された。これらのダムはその後の水需要の変化や計画されていた洪水調節容量を超える災害が発生するなどで、本来の目的を発揮できなくなっているものも多い。しかし、近年ダム建設に適した地点が少なくなっていることから、新規事業の立案は次第に困難となっている。こうした中、既存のダム嵩上げ等によるダムの再開発が注目されている。

一九二四（大正一三）年三月に竣工した中国電力の帝釈川ダムの再開発もその一つである。

広島県北部庄原市の帝釈峡を源流とする帝釈川は、岡山県倉敷市に流下する高梁川の支川である。景勝地帝釈峡の神龍湖は帝釈川ダムの貯水池であり、広島県北部の庄原市東城町と神石郡神石高原町の境界にある。神龍湖上流の帝釈峡は石灰岩の渓谷が約一八キロメートルも続く景勝地で、四季折々の渓谷美を楽しむことができる。帝釈川ダムは高さが五六・四メートルで建設当時日本一高いダムであったが、一九三一（昭和六）年に更に五・七メートル嵩上げされている。帝釈川ダムは完成後八〇年を経過し老朽化していた。そこで、地震に対する耐震設計の見直し、洪水処理能力の向上、発電能力の増強などを目的として、ダム再開発が四年かけて行われ二〇〇六（平成一八）年に新帝釈川ダムが竣工した。高さは六二・三メートル、堤頂長三九・五メートル、総貯水量約一四〇〇万トン（再開発前約一三〇〇万トン）で再開発前と貯水池の規模はあまり変わらないが、既設堤体の上部を切り欠き洪水処理能力の向上を図り、既設堤体の下流面の石積をはがしコンクリートを打ち増し、安定性の向上を図った。

発電用水はダムの数キロ下流で帝釈川に戻されるため、渇水時にはダム直下の数キロ水がほとんどない区間ができる。ダムの再開発に合わせて、水の無い区間に魚など水生生物が棲めるための水を環境用水としてどのぐらいダムから放流すべきか、という検討会が持たれ参加した。旧帝釈川ダムが出来た時代には、真剣に考慮されなかった耐震性や環境保全への配慮が当たり前になったことを、八〇年経過したダムの再開発事業が教えてくれた。

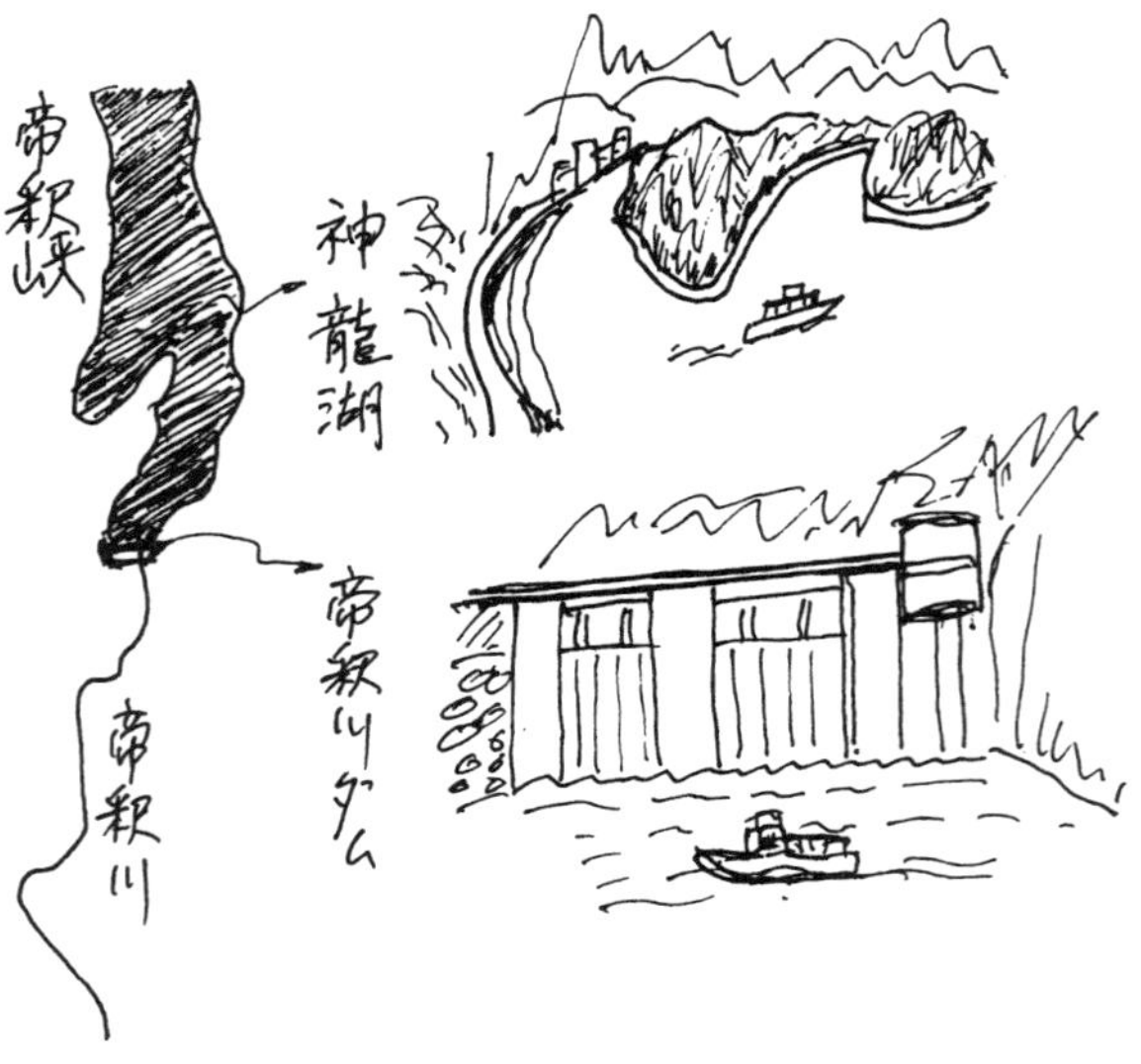

帝釈川ダム

現地での検討会に参加した時にいつも見舞っていた神石高原町の叔母の法事があり、先日久しぶりに神龍湖畔の宿に泊まり、再開発された新帝釈ダムを初めて見た。以前とは見違えるほどどっしりとした安定感のあるダムとなっていて、嬉しかった。

28. イグアスの滝

愛媛県海外協会では、日本から移民した人やブラジルの現状を理解するための短期研修生のブラジルへの派遣とブラジルからの受け入れを隔年ごとに行っている。二〇一六（平成二八）年の秋、日本から派遣された二名の研修生が、水しぶきを浴びながら大水量でごう音の響くイグアスの滝に近づいた時の感動を報告していた。私も、近くのイタイプ水力発電所を訪れた際に、イグアスの滝を見に行ったが、知識は体感には遠く及ばないこと、あるいは百聞は一見に如かずということを、身をもって知らされた。

ブラジルとパラグアイの国境を南流するパラナ川にはイタイプ発電所が建造されていて、ブラジルとアルゼンチンの国境を流れるイグアス川が西流してパラナ川に合流する。イグアスの滝は、この合流点から東へ三〇キロメートルほどイグアス川を上った地点にあり、落差八〇メートルの間に大小約三〇〇の滝が段を成して連なっている。一九八六年にユネスコの世界遺産に登録され、イグアスの滝一帯は、国立公園となっている。ブラジル側のイグアス川右岸沿いには遊歩道が作られ、その上流に滝の前まで川中に張り出している展望橋がある。この展望橋を歩いて進むと滝を流れ落ちる水が作る飛沫が次第に増え、展望橋の先端では大量の飛沫が降り注いでいた。うかつに

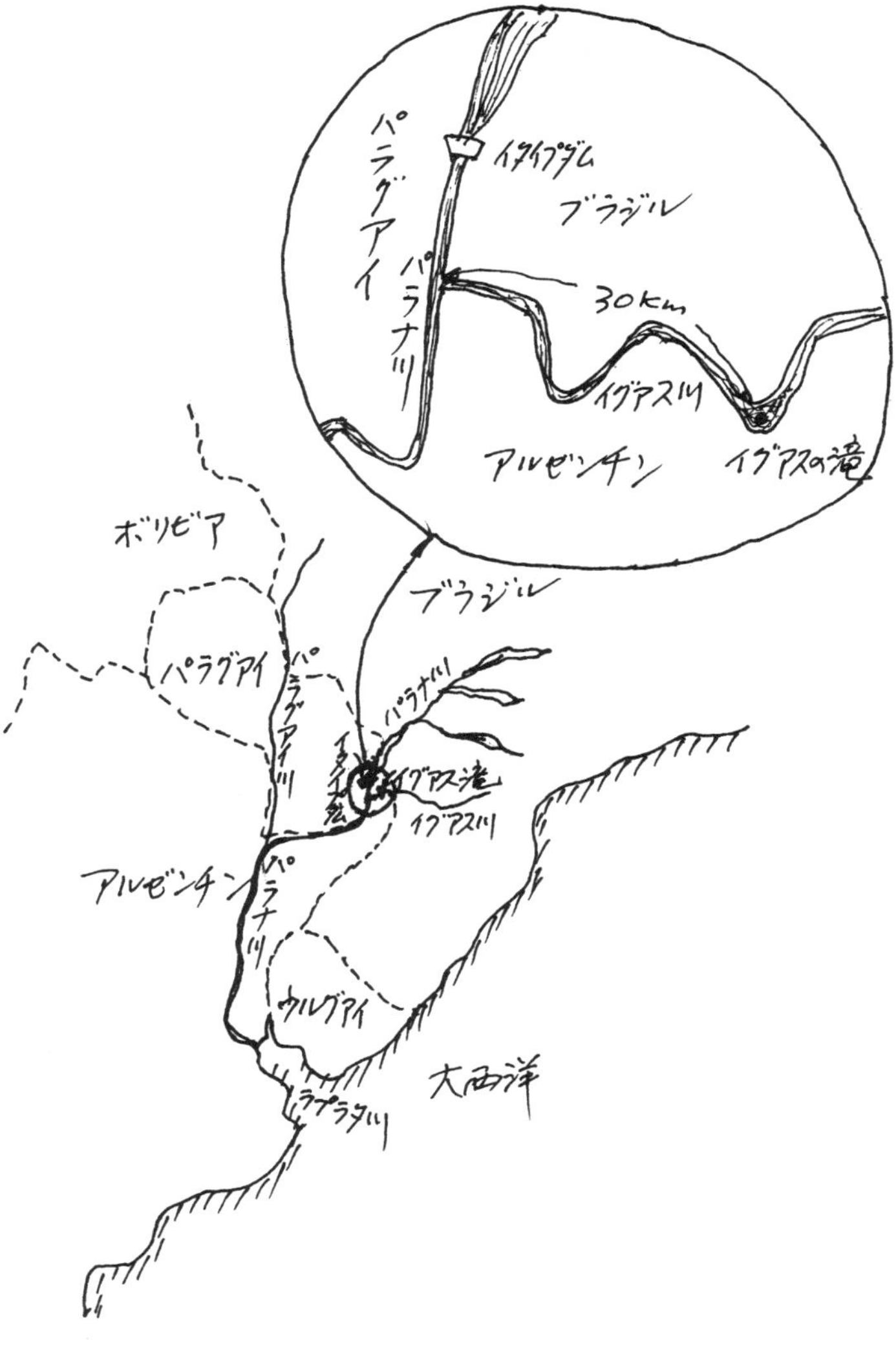
パラグアイ
イタイプダム
ブラジル
パラナ川
30km
イグアス川
アルゼンチン
イグアスの滝
ボリビア
ブラジル
パラグアイ
パラグアイ川
パラナ川
イグアス滝
イグアス川
アルゼンチン
パラナ川
ウルグアイ
大西洋
ラプラタ川

イグアスの滝

も雨具を用意していなかったためびしょ濡れになってしまったが、すぐ傍で見る滝の迫力に圧倒され、むしろ清々しかった。

季節によって水量の変化はあるものの一年を通じて大量の水が絶えず滝の上を流れ落ち、イグアス川・パラナ川からラ・プラタ川河口のブエノスアイレスで大西洋に流れ込む。海洋上で太陽のエネルギーによって水蒸気となった水は、再びブラジル南部の高地に降り注ぎイグアスの滝に再び戻って来る。太古から延々と続くこの水の循環という自然の営みの不思議さに思いを寄せざるを得ない。イグアスの滝の水が作る躍動感のある自然美を、世界中からの多くの観光客がブラジル側またはアルゼンチン側から楽しんでいる。ブラジル・パラグアイ・アルゼンチン・ウルグアイと国境が錯綜するが、それは人間が仮に決めた境界で、自然の営みとは何の関係もない。

イグアスの滝を体感することによって、大げさに言えば自然の営みに対しての人間の営みの意味を考えさせられる。

29. 流域の保水力

地表に達した降水（雨、雪などすべての地表に降る水の総称）の蒸発分以外は地表を流れたり、地下を潜流したりして河川などに流入し、最後は海に出る。この海に出た水は蒸発して降水の主要な供給源となる。このように地球上の水は循環しており、水の循環を取り扱う学問を水文学《すいもん》という。水文学では降水が河川水となることを降雨流出というが、地表面からの蒸発、草木からの蒸散、地下への浸透などですべての降水が河川水となるわけではない。河川水になる割合を流出率といい、流域の植生状態や土地の利用状態によって流出率は異なっている。流域が都市化すると流出率は大きくなり〇・九程度となることがあるが、通常の山地や田園地帯では〇・六程度であり、一般

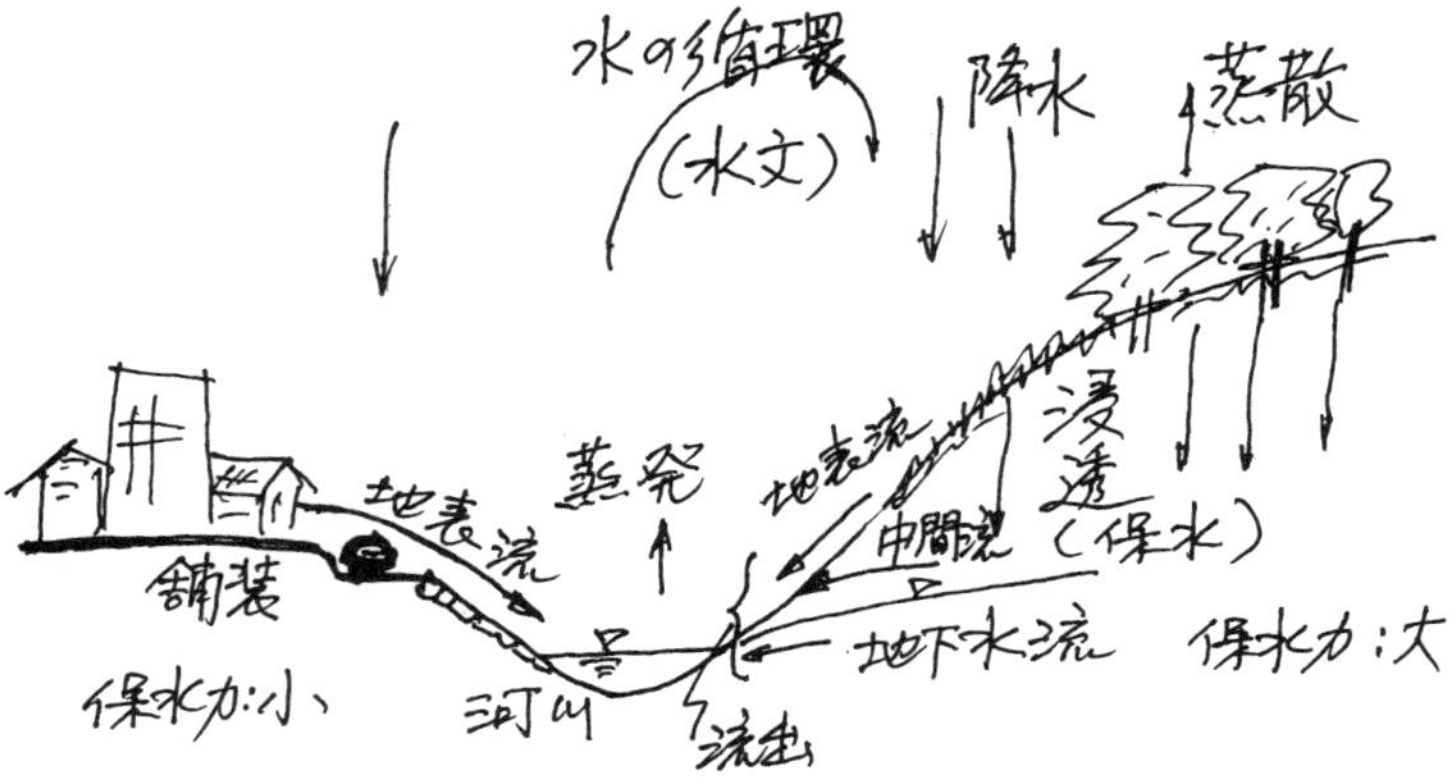

流域の保水力

に流出率が小さいほど流域の保水力が大きいと言われる。

降水の河川への流出形態としては、大きく分けて地表面を流れて比較的短時間に河川に達する地表流と、地中に浸透し時間をかけて河川に流出する地下水流などがある。自然や田畑が残っている流域では、地中に浸透したり地表に滞留する水が多く保水力が大きく、逆に、市街化して建物や舗装道路などが多い所では地中に浸透する水が少なく地表流が多くて保水力が小さい。

治水・利水の両面から、流域の保水力が大

きい方が望ましい。すなわち、流域が市街化して表面流が大きくなると、河川水の総量が大きくなるだけでなく、降った雨が短時間に河川に集中し洪水流量が大きくなり、治水が困難となる。また、遅れて河川に出てくる地下水が少なくなるため、雨が降らない時の河川流量は少なく、水利用の面にも支障が出てくる。流域の保水力を大きくするため、山地の植林、田畑など農地の保存、開発の抑制などが叫ばれているが、治水のために都市化を抑制することは実際上不可能である。したがって、都市化した流域での保水力の向上が重要となっている。都市内の緑地や公園の拡充整備、道路や敷地の透水性舗装、貯水池の整備、雨水の地下貯留など様々な工夫がなされている。

流域の保水力に見合った都市形成、言い換えれば河川から見た理想的な流域の在り方があると考えるが、それを全く考慮しないで都市開発がなされてきた。その結果、逆に都市に対応した保水力の向上に知恵を出さなければならない現状であるが、昨今の大都市での水災害の多発にいつまで対応できるであろうか。

30. 河川の景観設計

都市における残された少ない空間の中でリバーフロントの活用を積極的に進めるべきだという考え方が市民の賛同を得てきている。河川空間を軸として、河道における治水施設の整備を河川周辺の市街地整備・街づくりと一体化して行うという施策が全国の多くの自治体で積極的になされつつある。その場合、河川は都市景観を構成する一要素であるため、都市整備の中で特に市街を流れる河川の景観設計には、様々な配慮が必要である。

河川の景観を構成する要素は、河川（河道の形状、水の流れ、堤防・護岸・水門等の河川構造物、河川の植生など）、沿川（自転車道、アクセス路、建築物、空き地など）、横断施設（橋梁、水管橋など）、遠景、人間活動、自然生態（鳥、魚など）、変動要素（季節、天候、時刻など）など多岐に亘る。河川の設計においては、沿川要素の様々な意味を取り込み、洪水時の堤防など非日常性を日常性に直して風景に溶け込ますことが望まれる。

　全ての川にはそれぞれ固有の川の文化ともいえる地域との関わり合いがあり、河川の景観を考える際に、背後にある地域の働きかけ、例えば洪水との闘いの歴史、神事との関わり合いなど

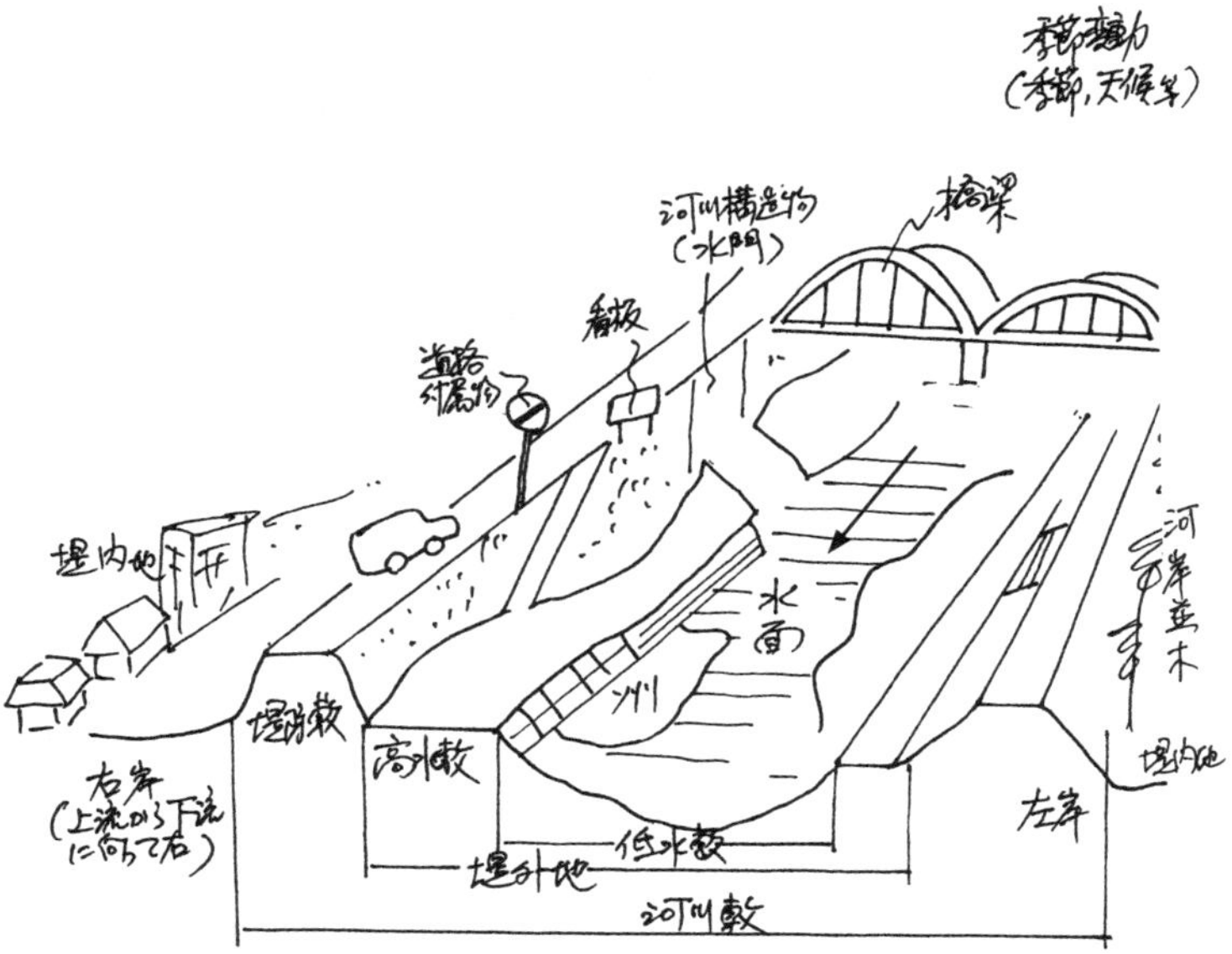

河川景観の要素

特にその歴史的経緯を見落とさないことが必要である。また、河川景観の眺めは、橋の上などから流れの方向に見る景色（流軸景）、堤防上などから対岸方向を眺める景色（対岸景）、あるいは河川空間外のやや高い地点からの眺め（俯瞰景）にも配慮が必要となる。ただ、河川の景観を重視することによって、治水・利水・環境などの河川の持つ本来の機能が損ねることがあってはならないし、道路でもない公園でもない河川らしさも保たれるような配慮が必要となる。川らしさとは、上流山間部、中流田園部、下流都市部などその場に相応しい景色があり、水の流れが作り出す自然造形と人と河川の関わりを示す人為造形なども含まれる。例えば、上流では静かで清冽な渓流・渓谷、中流ではのどかな用水・里川や山紫水明、下流では広々とした大河・河口・水郷などがキーワードとなる。流れを生かすためには、瀬や淵、堰・床止め・水制などの河川構造物が生み出す流れなどの利用も面白い。

現在の市街も河川景観も長い年月をかけて形成されたものである。今後長い間には住民の美意識が変わっていくことも考えられ、現時点で理想とする景観は絶対的のものではないことを念頭に置いておく必要があろう。

31. ミニスーパー堤防

幅が数百メートル以上に及ぶような河川堤防は、高規格堤防（スーパー堤防）と呼ばれる。主に大都市の河川で、いくら堤防を高くしても想定外の洪水で堤防が決壊すると、周辺に集積した多くの生命と財産が失われることになる。そのような場所の堤防は絶対に決壊しないようにする必要があり、これまで東京の江戸川や荒川などでスーパー堤防の整備箇所が位置づけられている。堤防の高さの幅三〇倍程度の区域の土地を盛り上げ、想定外の洪水や地震によっても決壊しない幅の広い高規格の堤防が考えられている。スーパー堤防の上は通常の土地利用が可能であって、嵩上げ前より住環境は大幅に向上する。

大洲市五郎駅前には、肱川の堤防と山脚に挟まれた幅五〇メートル長さ六八〇メートル程の帯状平地に、ＪＲの軌道、五郎駅舎、県道、民家・工場等六〇棟余りが複雑に密集していた。この五郎駅前は、大洲盆地から肱川

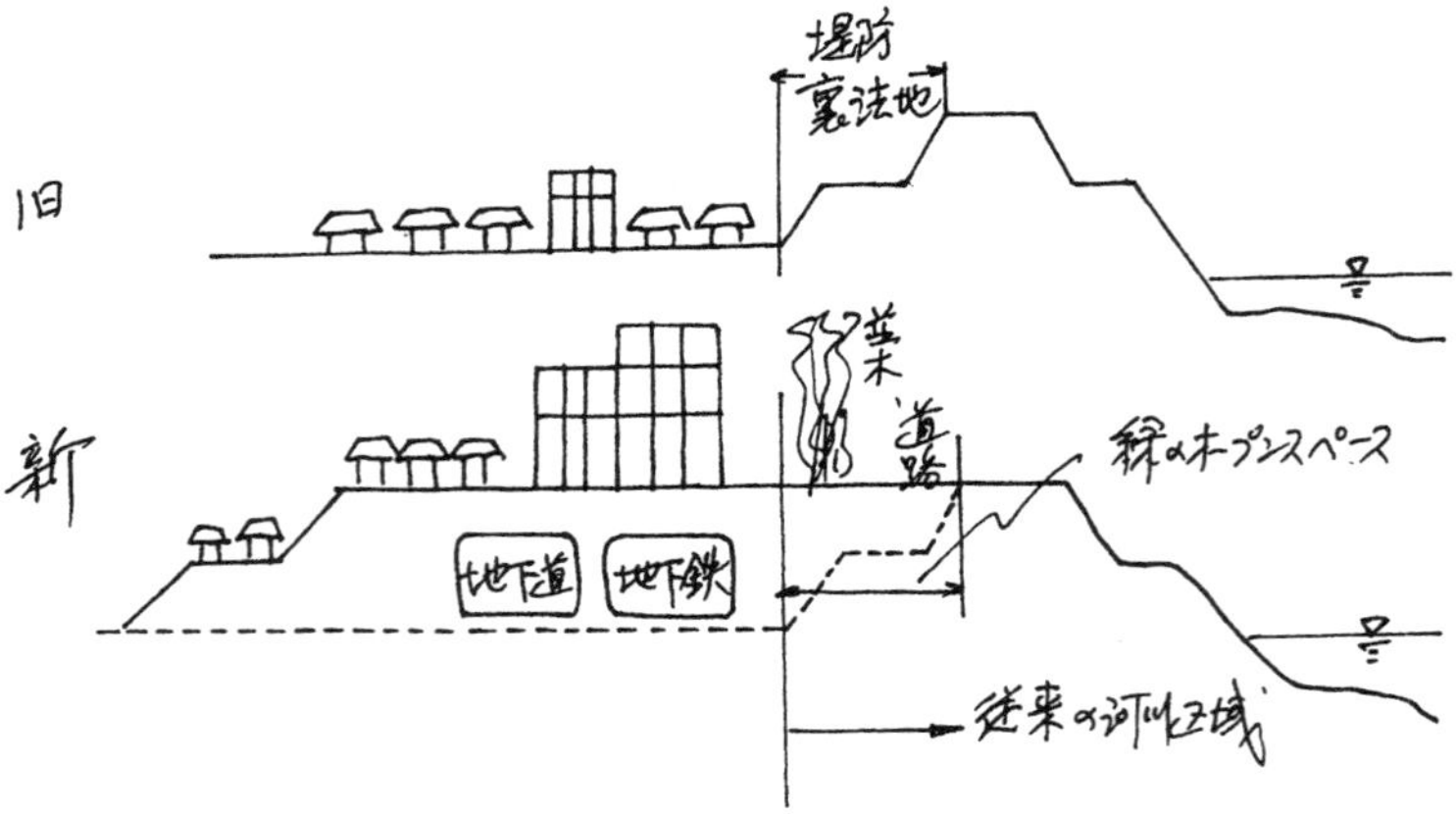

高規格堤防（スーパー堤防）

河口の長浜までの狭窄部の始まる箇所に当たり、湾曲する肱川の右外岸部にあり、堤防の補強が必要であった。堤防を高くするためには、堤防幅を広くする必要があり地区の五〇パーセントが堤防敷地となる。例えば用地買収によって二〇家族が転出を余儀なくされたら、それまで五〇家族で支えられていた雑貨店も散髪屋も三〇家族では採算が取れなくなり、集落から転出を余儀なくされるかもしれない。駅前コミュニティーが崩壊するだけでなく、残された家族の住環境も南側の高い堤防の下の低地で陽当たりの悪い物となる。これらの問題を解決する方法として、五郎駅前集落全体を嵩上げしスーパー堤防として、堤防上に集落を移築することが考えられた。建

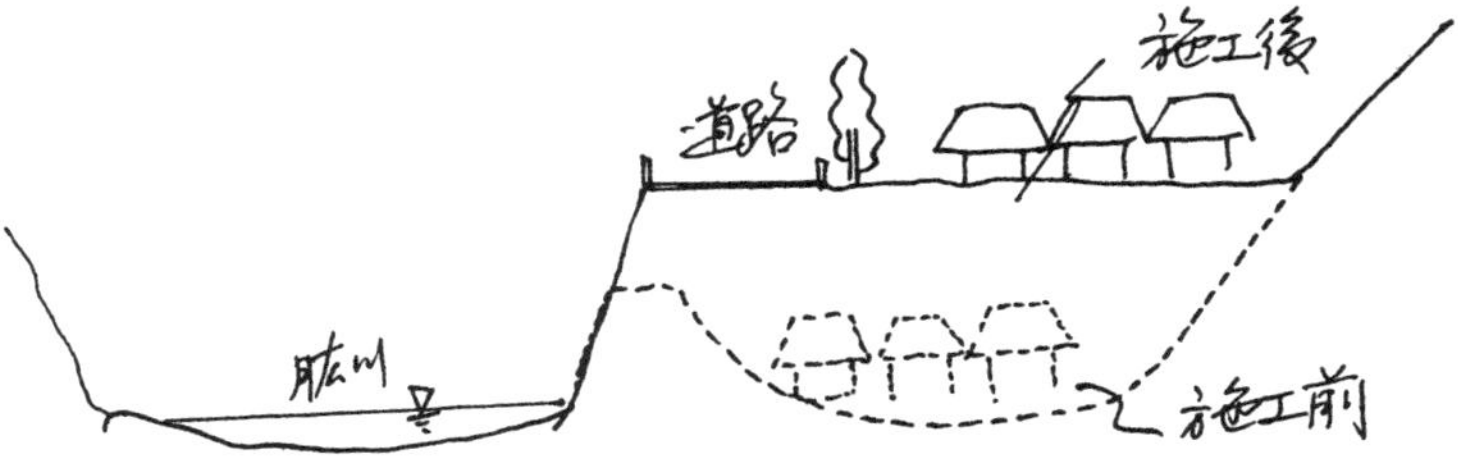

ミニスーパー堤防と土地区画整理（大洲市五郎駅前）

設省（現国土交通省）大洲工事事務所単独では費用を負担しきれず、肱川河川改修、県道改良事業、集落を流れる大谷川の改修、土地区画整理、ＪＲ線改良など多くの事業を合わせて、費用の捻出を計った。山際のＪＲ線は事業に乗らなかったが、最終的にはこのミニスーパー堤防ともいわれる事業は立派に完成した。それまで大雨が降る度に浸水していた集落は、堤防上に拡幅された県道と共に嵩上げされ、陽当たりのよい住環境を得ることが出来ている。この事業がなされた一九八〇年代は、大都会でのスーパー堤防構想が議論され始めた頃であって、全国に先駆けてなされたこの「特定河岸地水害対策事業」は画期的なものであったと思う。同様な堤防整備問題を抱えて五郎駅前を見学に来た人は皆、同様な事業を希望するが、予算の制約が大きな壁となっていて希望がかなわないのが残念である。

32. 河川の正常流量

河川の流量といえば治水対策のための洪水時の高水流量が注目されるが、逆に渇水時の河川水の少ない時の低水流量も重要である。河川において最低限必要な流量は正常流量と呼ばれ、河川維持流量と水利流量とに分けられている。「維持流量」は舟運、漁業、景観、塩害の防止、河口閉塞の防止、河川管理施設の保護、地下水位の維持、動植物の保存、流水の清潔の保持などを総合的に考慮し、渇水時において維持すべきであると定められた流量である。一方、「水利流量」は定められた地点より下流における農業用水・工業用水・都市用水など占用のために必要な流量である。

肱川水系河川整備基本方針では肱川の正常流量は大洲地点で冬期に毎秒約五・五ト

ン、冬期以外は約六・五トン、鹿野川ダム直下地点で、冬期に約三・二トン、冬期以外に約六トンとなっている。肱川では鵜飼いのための流量が必要で、アユをはじめとする動植物の生息・生育や良好な水質の確保等に必要なものである。鹿野川ダム直下流で肱川に合流する支川河辺川に現在建設中の山鳥坂ダムには、総貯水容量二四九〇万トンの内河川環境に使う容量が九二〇万トンと計画されている。また、重信川については河川管理者の国土交通省では、重信川の河口から出合付近までの約四キロメートル区間の正常流量は毎秒二トン程度と推定しているが、それ以外の上流区間では流水の多くが伏流したり澪筋《みおすじ》の変化が激しく正常流量の推定は難しいという。水利用は、伏流した水を堤内地の揚水井や泉を通してなされているため、河川水の直接的な水利流量はない。また、動植物のための維持流量については、瀬切れと呼ばれる全く水量の無い河道区間があり、決められない。扇状河川である重信川中流部の河口から六キロから八キロ付近では、年間の半分以上の期間、また河口から一〇キロ付

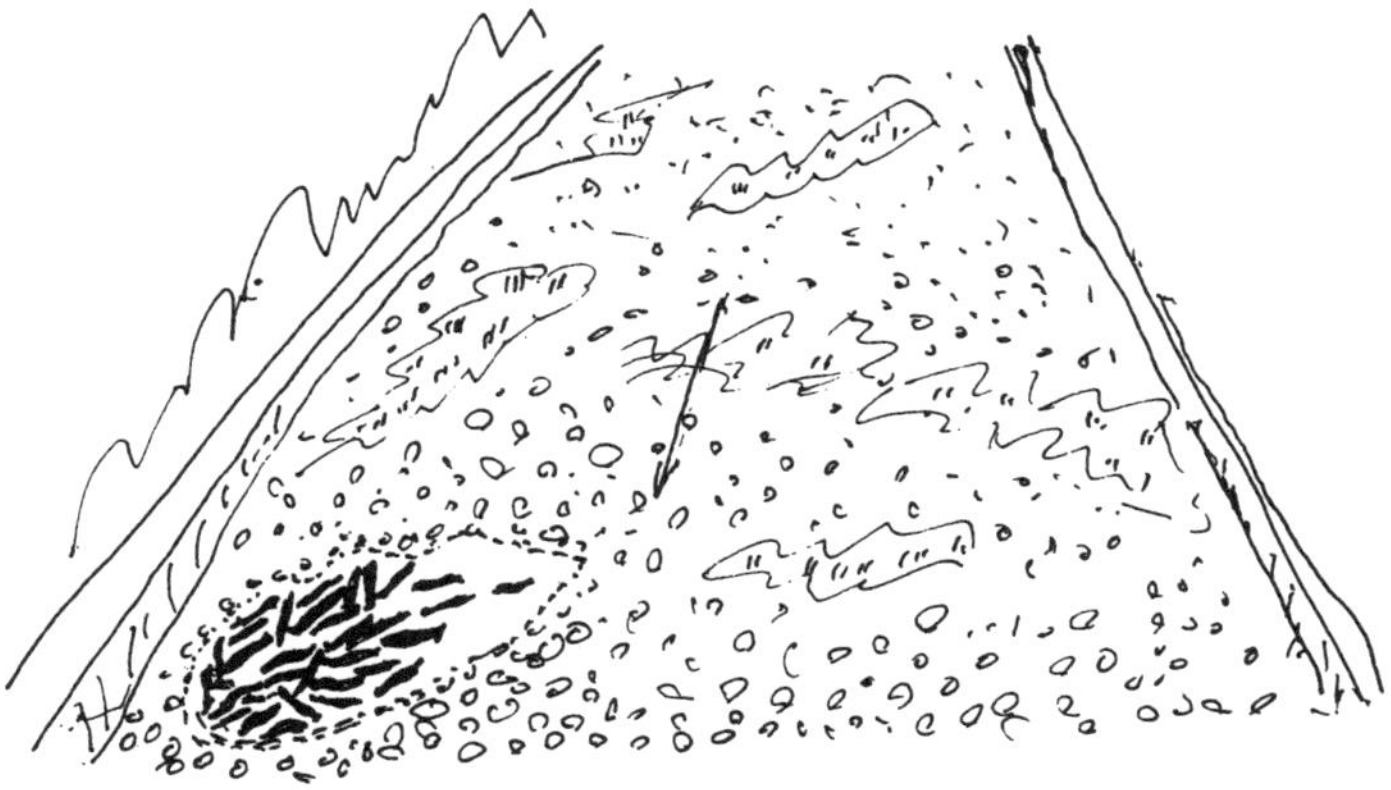

瀬切れで水溜りに集まる魚

近より一七キロ付近までの区間では七割以上の期間、瀬切れが発生しているという。瀬切れ時には、魚は水たまりになっている河床の深掘れ部の淵に集まるが、水たまりが小さくなるにつれて魚で川底が見えなくなるまで密集する。松山大渇水の年に、水のほとんど無くなった淵で水を求めて砂の中に潜る魚もいたのを見て驚いたことがある。

正常流量の中で、特に河道内の動植物のためや清流の維持のためのいわゆる環境維持用水の確保は、今後の河川管理の大きな課題の一つであろう。

33. 赤坂桜づつみ

戦前は石手川の堤防には大きな松の並木があったそうであるが、現在では堤防の上に大きな木を植えることは禁止されている。戦後、河川堤防の整備が不十分だった時代には、堤防上の大木が台風時の強風雨で大きく揺れて、木の根が堤防に亀裂を生じさせ、堤防決壊の原因になったことがあるからだ。堤防上の並木は、河川の景観や木陰の憩いの場などとして、出来ればその復活を要望する意見があることは確かである。

そのため、現在の堤防の外側（堤内側）に土を盛り堤防幅を大きくした余盛部分には、植樹しても良いようになった。

重信川周辺には川から堤防の下を通って流れ出る伏流水によって、杖ノ淵、夫婦泉、三ケ村泉ほか多くの泉があり、泉からの水は農業用水として使われてきている。重信川の河口から八・七キロメートル地点の左岸側にも伏流水が豊富に湧き出ている赤坂泉があり、そこから川沿いの用水路で運ばれた水は下流の伊予郡松前町、伊予市の水田・果樹園の灌漑用水として利用されている。

堤防の余盛部分に大きくなる木でも植えることができるようになったのを機に、建設省（現国土交通省）松山工事事務所は赤坂に沿って二キロにわたって堤防の余盛をして、その上に桜並木を作ることを計画した。今から約二〇年前の平成一〇年頃のことで、どのような桜堤とすべきかの検討が行われた。湧き出る泉の水質は清冽で水泳などに適していることから、赤坂泉は昔から子供の水遊び場ともなっていた。余盛の部分には、高木となる桜だけでなく、ツツジやサツキなどの低木なども植樹された。赤坂泉とその下流の用水路に沿う余盛部分の堤防斜面の一部には、水路から堤防上端まで横幅数メートルの石造り階段を設置した。完成後何年かはしばしば赤坂桜づつみの様子を見に出かけていた。夏休みには、多くの子供たちが泉の中に入り歓声を上げていて、付き添いの人が階段に座って子供を見たり本を読んだりしていた。人が水に親しむ場の創成という所期の目的が達成されたと喜んでいた。

二〇一六（平成二八）年の春、赤坂泉自体の大幅な改修が行われているというので、久しぶりに赤坂泉の桜づつみを見る機会があった。桜の木は数メートルを超

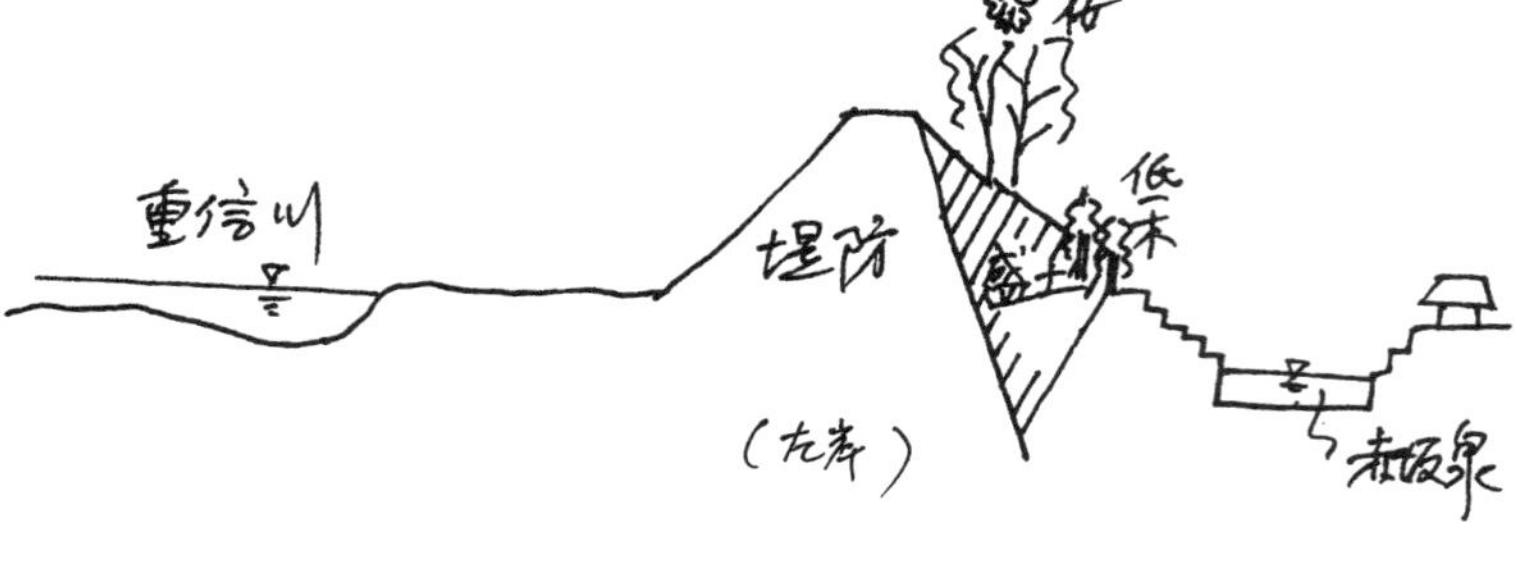

桜づつみと赤坂泉（重信川）

す大木になり周辺の低木も大きく繁っていて、二〇年の歳月流れを感じた。夏ではなかったので、改修工事関係者だけであって寂しかったが、改修後もいつまでも赤坂桜づつみに活気が続くことを願っている。

34. 急流河川の霞堤防

戦国時代の甲斐国主の武田信玄は農業や金山開発などに著しい功績を上げたが、特に釜無川や笛吹川の改修など甲府盆地の治水事業には目を見張るものがあった。盆地に水害をもたらす釜無川とその支流の御勅使川の治水のため、両河川の合流点である竜王の高岩（竜王鼻）に堤防を築き、御勅使川の流路を北へ移し、釜無川の流路を南に移す試みがなされたという。この竜王信玄堤の普請は信玄亡き後も続けられ、洪水被害が緩和された盆地西部や竜王での新田開発が促されたといわれている。武田信玄が考えたとされる霞堤《かすみてい》は、堤防のある区間を開口部とし、上流からの堤防と下流側

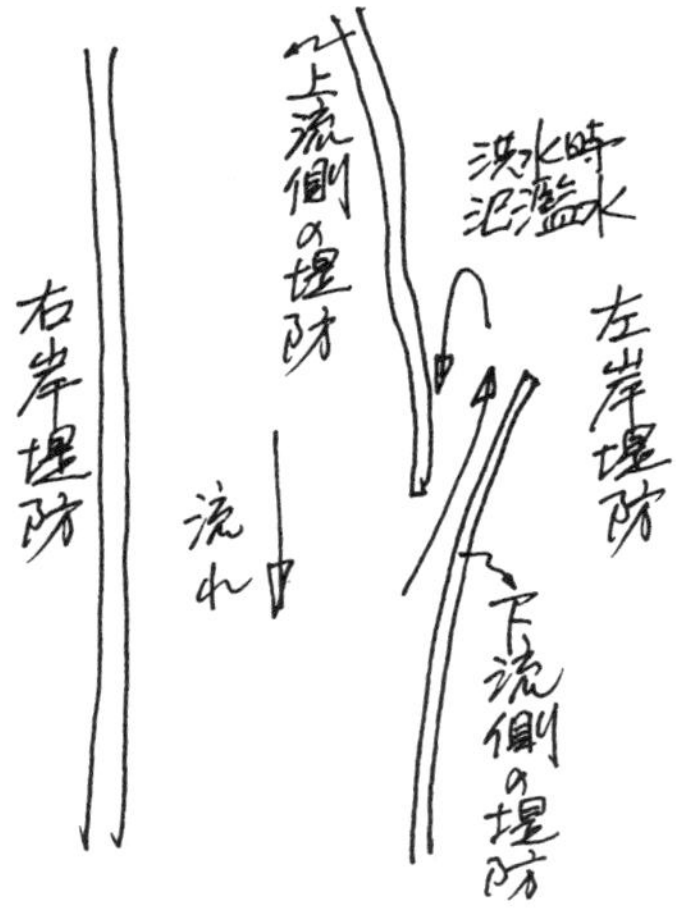

霞堤

の堤防が開口部で二重になるような不連続な堤防である。洪水時には開口部から水が逆流し堤内地に貯留して下流の重要地域での洪水流量を減らし、洪水が終わり河川水位が下がると堤内地に貯留した水が自然に本川に流れ出るというものである。急流河川の洪水対策として合理的な方法であると、高く

評価されている。

慶長年間（一五九六～一六一五年）に伊予川（後に重信川と呼ばれるようになった）の改修や石手川の開削を行い松山平野発展の基礎を作った足立重信は、一五七三（元亀四）年に没した武田信玄よりわずかに後の人であるが信玄の霞堤のことを熟知していたと思われる。重信は築堤に際し、信玄の考案した霞堤を伊予川にも多用しているが、霞堤が重信川のような急流河川では効果が大きいことも知っていたことに驚かされる。また、堤防の表裏には水害防御林を配して万一の破堤の際にも氾濫流を和らげるように工夫をしている。重信川本川には河口から表川合流地点の約一七キロメートル区間に、現在九カ所の霞堤が残っている。下流か

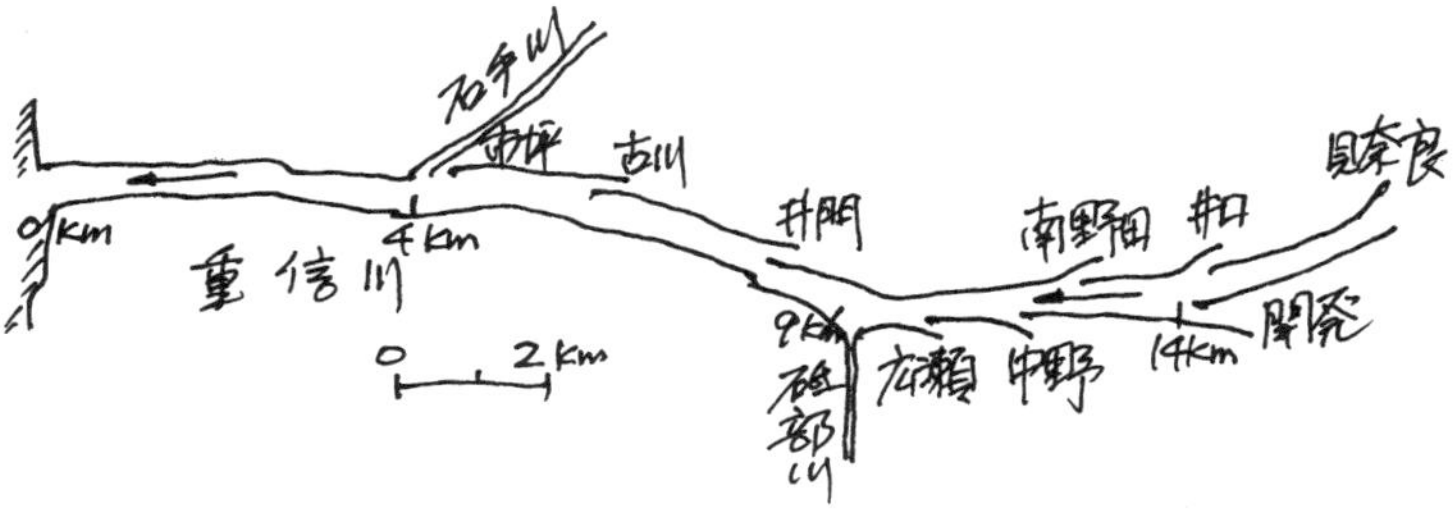

重信川に現在する９つの霞堤

ら、市坪・古川・井門・広瀬・中野・南野田・開発・井口・見奈良の九地点である。霞堤の開口部は自然環境が残されていて、「重信かすみの森」のように親水公園（開発地点）として整備されているものもある。自然生態系保全の観点からは、霞堤を締切らずに治水対策を考えてほしいものである。しかし、周辺が都市化しているところでは、土地利用の高度化とより確実な治水対策を望む周辺住民の連続堤防を望む声も無視できない。いずれにしても、それぞれの霞堤について今後とも残すのかあるいは連続堤防としてしまうのかについては、市民の意見を聞きながら治水に責任を持つ河川管理者の適切な判断が望まれる。

35. 河川の自浄作用

自然豊かな河川づくりでも人間が水辺に親しめる河川づくりでも、河川の水質が適切に保全され、改善されていることが大前提となっている。経済成長が優先された昭和四〇年代までの日本では、多くの河川や湖沼・貯水池では、工場排水、家庭排水、農畜産排水などによる水質の悪化が問題となっていた。特に大都市を流れる河川の水質汚濁は深刻で、河道内に動植物が生息できないだけでなく黒く濁り、悪臭を発し、河川は人間から避けられるものとなっていた。

河川には、物理的・化学的・生物的な水質の自浄作用があり、汚濁物質の量が少ない時代には河川水は数メートル下流では浄化されているといわれていた。河川に流入した汚濁物質は希釈・拡散・沈降などの物理作用で水中の汚濁濃度は減少し、酸化・還元・凝縮・吸着などの化学的作用で無害なものに変化したり、水中に溶出しなくなる。また、生物作用によって特に有機物が微生物で分解され、窒素やリンが藻など水生生物によって吸収される。これらの自浄作用で浄化できる量以上の汚濁物質が流入すると河川の汚濁が進む。この場合、汚泥の浚渫《しゅんせつ》、維持用水の増加・清浄な水による流況

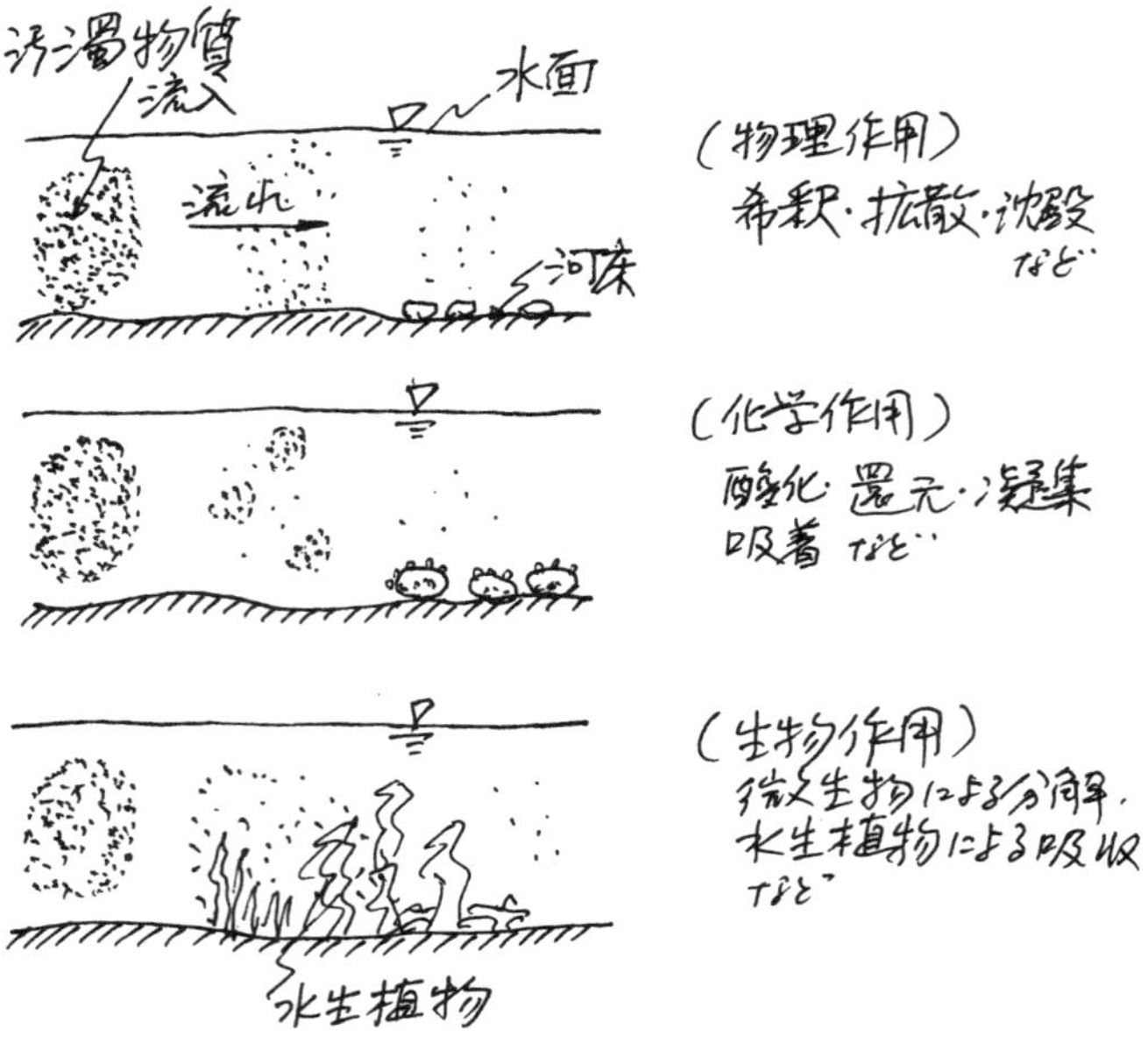

河川の自浄作用

の改善、ホテイアオイなど水生植物による水質浄化など河川の自浄能力を大きくする努力もなされた。一方、流入する汚濁物質の量を減らし河川の自浄能力以下にすることが浄化には効果的である。

一九七〇（昭和四五）年のいわゆる公害国会から半世紀近く経った今、東京の隅田川にもサケが戻って来たという。この間、河川への排出水の水質基準に規制が厳しくなり、全国的に下水道の整備が進んだことが、河川水質の向上に寄与している。河川の環境基準は、水素イオン濃度、生物化学酸素要求量（ＢＯＤ）、浮遊物質量、溶存酸素、大腸菌数などで規定されている。それらの基準に基づいて、上水道、水産、工業用水、農業用水、水浴、あるいは環境保全など各目的に適した水質が細かく規定されている。必要以上の水質浄化によって、瀬戸内海では栄養塩が大きく減り魚が少なくなったとも聞く。河川の持つ自然浄化能力の意味を再考することも必要かもしれない。いずれにしても、清冽な河川水質が保全され、汚濁した水質が改善したことによって、水生生物だけでなく人々も河川に戻って来て、水辺を楽しめるようになったことは嬉しい。

36. 重信川の河口干潟

重信川の河口部は、環境省によってのシギ・チドリ類の重要渡来地域及び重要湿地五〇〇に指定されている。野鳥が多く飛来することから西日本でも有数の渡り鳥などの生息地となっており、河口の湿地帯で野鳥類などの群れを観察することができる。

河道内には砂礫堆《されきたい》と呼ばれる大規模な砂州があり、干潮時には広大な干潟ができその周辺の右岸側深掘れ部の澪筋《みおすじ》に沿ってのみ水が流れている。一方、満潮時には砂礫堆の大半が水没し澪筋もなくなるが、滅多に塩水に浸からない砂礫堆の頂部付近には比較的塩水に強い葦（あし、よし）が繁茂している。海水と河川水とが混合するいわゆる汽水域では、砂質干潟に生息するハクセンシオマネキや葦原に多く生息するアシハラガニなど、多様な生物が生息しており、渡り鳥にとっても格好の餌場となっている。大規模な砂礫堆は洪水の疏通を阻害する要因となることが懸念されるが、河口部に複雑な地形を提供し種々の動植物の生息を可能にしている。このため治水上支障がない限りこの砂礫堆を維持す

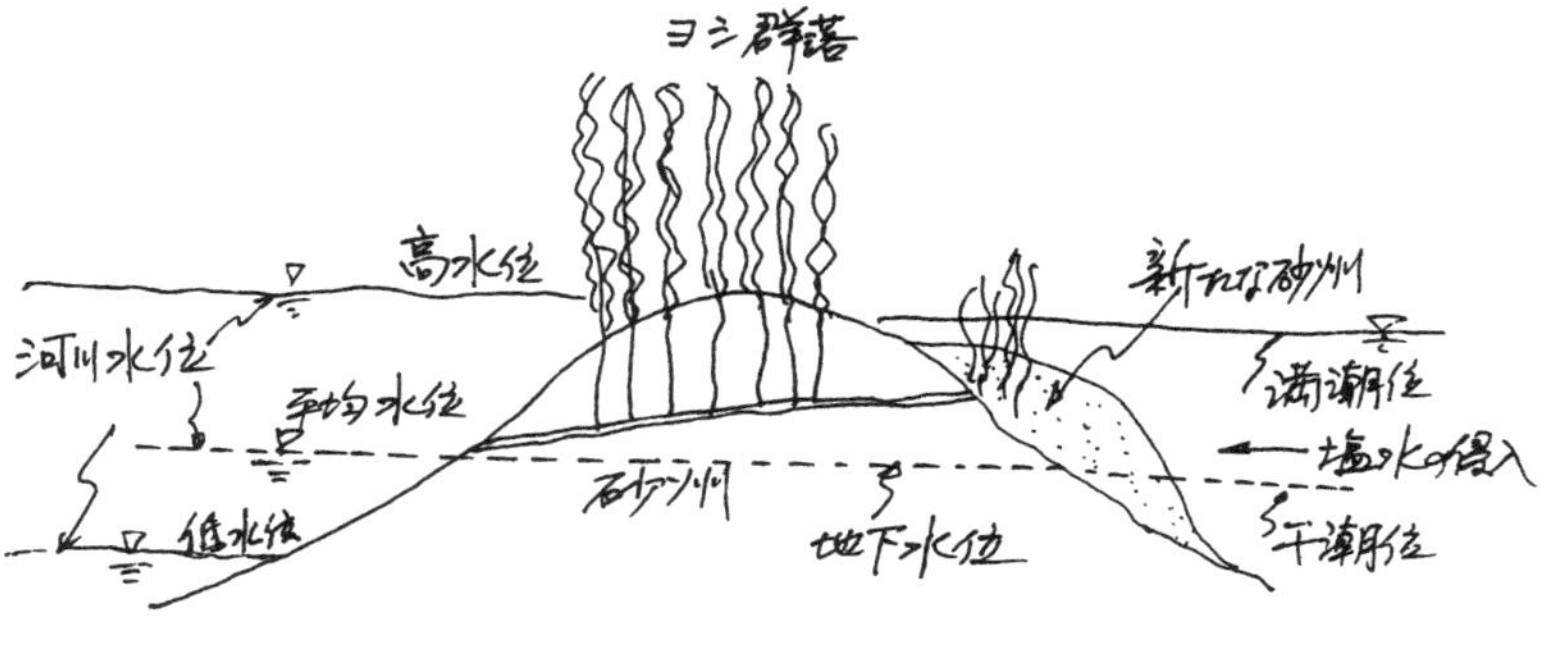

重信川河口干潟の植生域

ることが望まれるが、幸いなことに重信川の河口部砂州は長期間洪水によってもあまり変形していないことが分かっている。

重信川の河口付近では、河道（低水敷）の干潟だけでなく河原（高水敷）にも多様な植物が生育しており、豊かな自然が残っている。この高水敷には歴史的に多くの私有地が残っていて、墓地や農耕にも使われている。ただ、このような私有地である堤外民地は、新たな築堤などによって川幅を広げた場合などに買収できなかったこと等によって生じたものである。堤外民地については、所有者の要望があれば河川管理者（国）は買い上げることになっているが、農耕地はともあれ墓地の扱いは難しい問題である。

重信川河口河道内には、雑然と繁った草木の中に野犬や蛇などもいて、人間にとっては近寄りがたく荒廃した感じを受けるが、動植物にとっては貴重な自然環境となっている。多くの河川の河口周辺には人口が集中し、河道を人が憩える親水空間として整備している。しかし、手付かずの自然が残っている重信川河口の今後の河川整備においては、親水性を求める人工的な改変を極力排除することが、重信川河口部の環境機能を最大限発揮させる方向だと考える。

37. 穂高砂防観測所

土石流の実態が分かってきたのは、そんなに古いことではない。学生時代講義で土石流の話を聴いても、その実態については観測態勢が整いつつある状況で、不明なところが多いということであった。しかし、現在では土石流災害の調査が綿密になされ、

穂高砂防観測所

その実態が明らかになっていると言ってもよい。飛騨山脈の穂高岳と乗鞍岳の間に焼岳があり、その中腹に京都大学防災研究所の穂高砂防観測所がある。この観測所は、一九六五（昭和四〇）年に防災研究所に砂防部門が新設されたのに伴って開設され、現在では二〇〇五（平成一七）年の改組によって防災研究所付属流域災害研究センターに所属している。穂高砂防観測所は土砂災害の防止・軽減を目的として、山岳流域における土砂流出の実態を明らかにすることを目指しているという。

穂高砂防観測所を最初に見学したのは一九七〇（昭和四五）年の夏であった。JR高山線とバスを乗り継いで、中尾高原口バス停から約三〇分歩いてたどり着いた宿の中尾温泉山本館は、焼岳の麓の穂高砂防観測所から一〇〇メートル程下った所にあった。観測所には当時澤田助手と技官の二人が常勤で、澤田助手は家族を富山に残して単身赴任をしていて、毎日の食事は山本館でしていたそうだ。山本館の玄関横に檻があり、大きなクマが一頭うろうろしていたのが印象に残っている。翌日早朝から、澤田助手に二時間ほど観測所で説明を受け、観測現場のヒル谷試験堰堤と足洗谷観測用水路を案内していただいた。前年に宇治市にある京大防災研究所の研究会で澤田助手の研究発表を聴いたが、その時は観測データの説明を比較的容易に実験室で得られるデータと同じように聴いていた。しかし、険しい山岳でまた滅多に起きない土石流のデータの収集の難しさに、観測現場を見て初めて気が付いた。このような人里離れた山奥で大変な苦労をして土石流のデータを集めておられる苦労がひしひしと感じられた。

昨今、コンピューターの発展で数値計算手法による現象解析が盛んになされているが、解析の前提となるデータや解析結果を検証するためのデータを実験や観測によって地道に収集することがあまり評価されないように感じる。穂高砂防観測所の観測データは土石流災害の防止・軽減に多大な貢献をしていると確信している。

38. ダムの堆砂

ダム貯水池の中で水深が大きくなると、水の流れる速度が小さくなり、上流から運ばれてきた土砂は止まって堆積する。ダムを建設するとダム貯水池内には土砂が堆積して、ダムの貯水容量が次第に少なくなっていく。そのため、毎年どのくらいの土砂が堆積するかを推定しなければならない。ダム貯水池の影響のない上流河道で流れている土砂のうち粒径が大きい砂礫は、河床近くを滑動・転動・跳躍をしながら運ばれ掃流砂と呼ばれるが、粒径の小さい土砂は流速が大きい所では浮かんで流れ、流速が遅い所では川床に接して流れて浮流砂と呼ばれる。また、シルトなど微細粒子は一度浮遊すると河床に沈降することなく下流まで流されウオッシュロードと呼ばれている。

ダムに近づくにつれて水深が大きくなり流速が次第に小さくなるダム貯水池に、粒径の混在する土砂が流入すると、まず掃流砂で粒径の大きな土砂から動かなくなる。細かい土砂も下流に行くにつれて停止し、その下流に浮流砂が堆積していく。この体積形状は下流側が急斜面となっているデルタ形状をしている。ウオッシュロードは沈降することなく水と共にダム下流に放流される。

年間のダム堆砂量の推定は、山の斜面からどのような粒径の土砂がどれだけの量河道に流れ込むのかや、降雨の有無で大きく変わる河川水の流速などが確定しないため、力学的に計算することはできない。山腹の崩壊などで河道に流入する土砂は生産土砂と呼ばれるが、この生産土砂量は地質・斜面勾配・植生などの地形条件と降雨の量や集中度など降雨条件によって決まり、その推定は難しい。そこで、ダムに溜まったデルタ上の堆積形状を毎年測量して、一年間の堆砂量を決めることになる。この年堆砂量は年によってかなり変動するが、長い目で見れば年平均堆砂量が分かる。この堆砂量をダムより上流の流域面積で割って、流域の単位面積当たりから年間ダムに流入する土砂量（比堆砂量と呼ぶ）が推定できる。ちなみに、石手川ダムの比堆砂量は三〇〇（立方メートル／年／平方キロメートル）程度である。

一般には、ダム建設前に五〇年間の堆砂量を推定してダムの規模などの設計がなされなければならないので、その場合は地形条件・降雨条件などが類似している既存のダムでの比堆砂量を用いて推定する。建設後実測値と推定値が大きく違っていれば、堆積土砂の人工的除去や上流に貯砂ダムを設けるなど土砂流入の抑制対策をする必要がある。

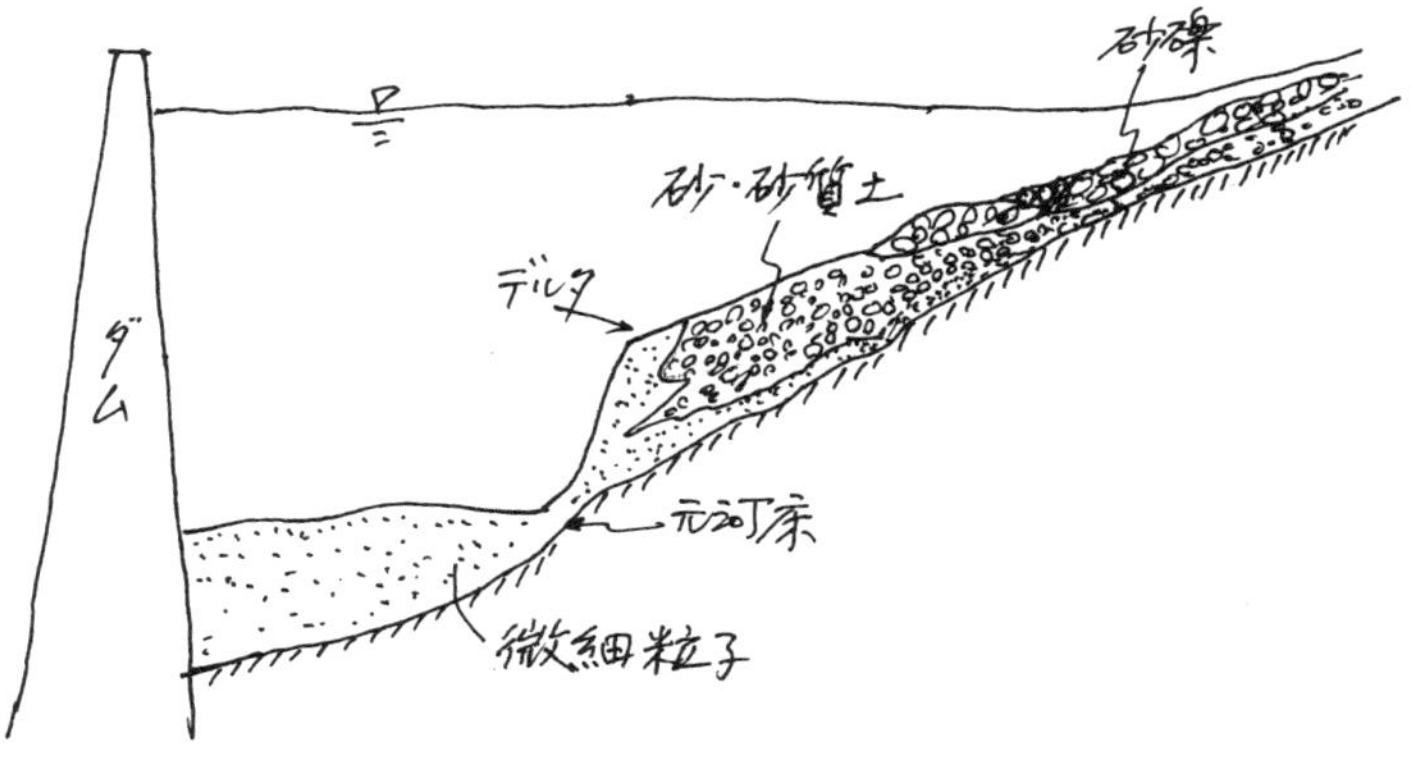

ダム堆砂形状と砂の粒径分布

39. 魚の棲みやすい河川

魚の棲みやすい河川は、水質、水量および河床形態によって決まる。まず、水質であるが、生物の水質汚濁に対する耐性は種類ごとに異なっている。例えば、マスやイワナのようなサケ科の魚は水質汚濁に弱く、逆にフナ、コイ、ウナギなどは水質が悪化してマス科の魚が棲まなくなった水域に棲む汚濁に強い魚である。生物の種類ごとの有無や量などを指標にして、生物学的に水質階級を判定する方法が提案されて、(一)清冽（貧腐水性、ヒゲナワトビケラなど）、(二)汚濁が進行している（β中腐水性、モンカゲロウなど）、(三)汚濁が進行している（α中腐水性、コガタシマトビケラなど）、(四)きわめて汚濁が進行している（強腐水性、イトミミズ、ユスリカなど）の四つの段階に分けられている。河

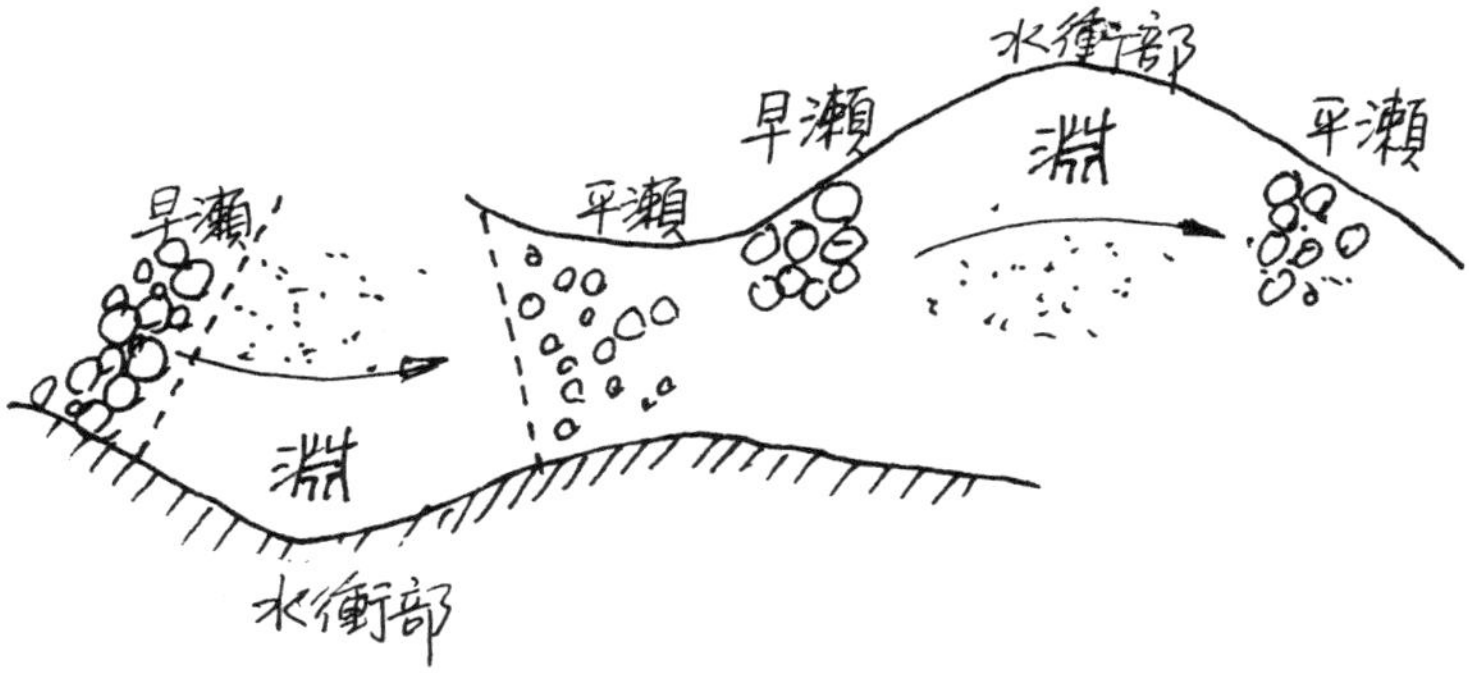

瀬と淵

川に汚水が流入しても流下していくうちに、汚染物質が希釈、拡散、沈殿、生物による吸収や分解を受けて減少し、この自浄作用によって水質は改善される。しかし、流入する汚染物質の量が河川の自浄能力を超えると水質は次第に悪化する。生活排水や産業廃水などは河川に入る前に浄化される必要がある。

魚類にとって必要な流量は種類や稚魚・成魚などによっても異なり、その決定は当該河川で生息が確認されている魚類を対象に行うことになる。その際の資料として、瀬や淵との関わりの深い魚種（イワナ、ヤマメ、サケ、アユ、カジカ）の生息条件（水深、流速）の調査結果が、成魚・稚魚・孵化・産卵に対して示されている（清水裕、一九九一年、土木技術資料）。
瀬や淵などの河床形態もまた、魚の棲みやすさの大きな要因である。魚にとって、餌となるべき底生動物の生息する浅瀬や、洪水時に避難できる深みなど河床形態が多様であるほど生息場所として好ましい。このような瀬や淵は河道の種々の条件によって形成される。水衝部に形成された淵の周辺の河床形態は通常、水深の大きい淵の上流側には流速が最も大きく河床が浮き石で形成されている

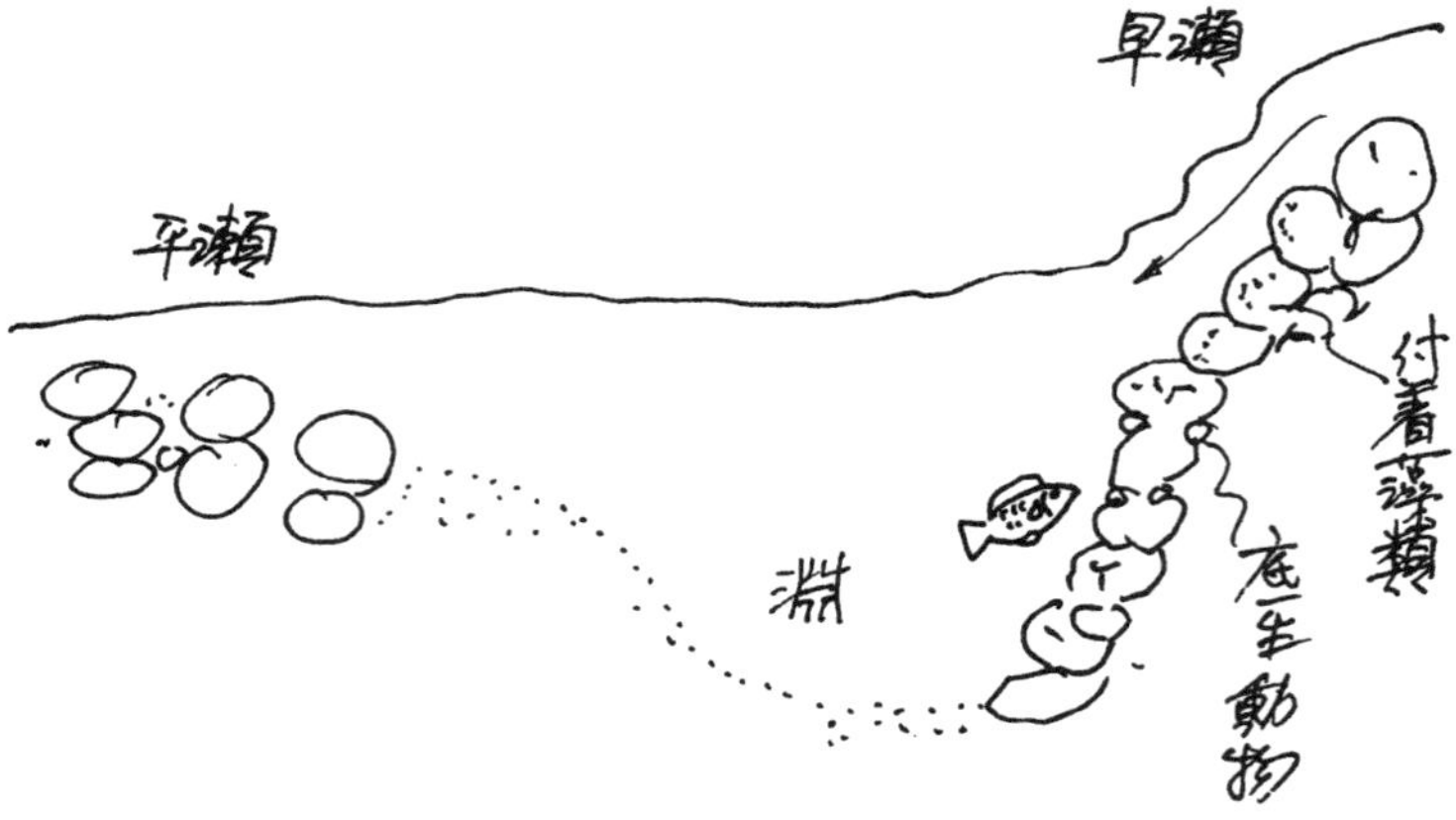

瀬と淵の生物

〝早瀬〟があり、下流部には流速が比較的大きく河床が沈み石で形成されている〝平瀬〟がある。早瀬の浮き石やその間には魚の餌となる岩藻や底生動物が生息している。魚の棲みやすい河川を整備することは難しく、河川の浄化作用、複雑な河床態の形成、それらに適応した種の魚や底生動物の棲息など、自然の営みに感服させられることが多い。

40. 感潮河川

河川の下流において水位や流速が潮の干満の影響を受けて変動する河川を感潮河川

といい、変動する区間を感潮域という。河川が海に流入するいわゆる感潮河口部では、河川水の流れと海水の挙動とが互いに関係しあって複雑な様相を呈する。河口付近では、河川水と塩分を含む比重の大きい海水との混合による塩分濃度の変化現象や、潮の干満による干潟の形成あるいは塩分の影響による植生域や棲息動物の変化など、感潮河口特有の現象が起こる。海洋には潮汐による水位変動があり、それが河口より河川を遡上する。また、地震時の津波の遡上などまれにではあるがかなり上流まで水位が上昇することもある。

河口付近での淡水（河川水）と海水とが混合する現象は、大きく弱混合型と強混合型とに分けられる。弱混合型では、淡水が密度の大きな海水の上を明瞭な境界面を持つ二層流となっている状態で、潮差の小さい河口、海岸付近でみられる。下部の海水層はくさび状に河川内に潜り込んで遡上し、〝塩水くさび〟と呼ばれる。河床勾配のきわめて小さいライン川では、このくさびの先端が、河口から数十キロメートル上流まで達するといわれている。通常、河川では農業用水など塩分が害となる場合は、塩水くさびの影響がない地点で取水する必要があるが、途中に潮止めのための堰を設け、その上流側で取水するように工夫をしている。一方、比較的河床勾配が急で河川流量が多い場合には、淡水と海水が良く混合し、水深方向の密度差がなく混合距離も短く、強混合と呼ばれる現象が起こる。

塩水と真水が混合する汽水域には、塩分に耐えられるいわゆる耐塩性の動植物

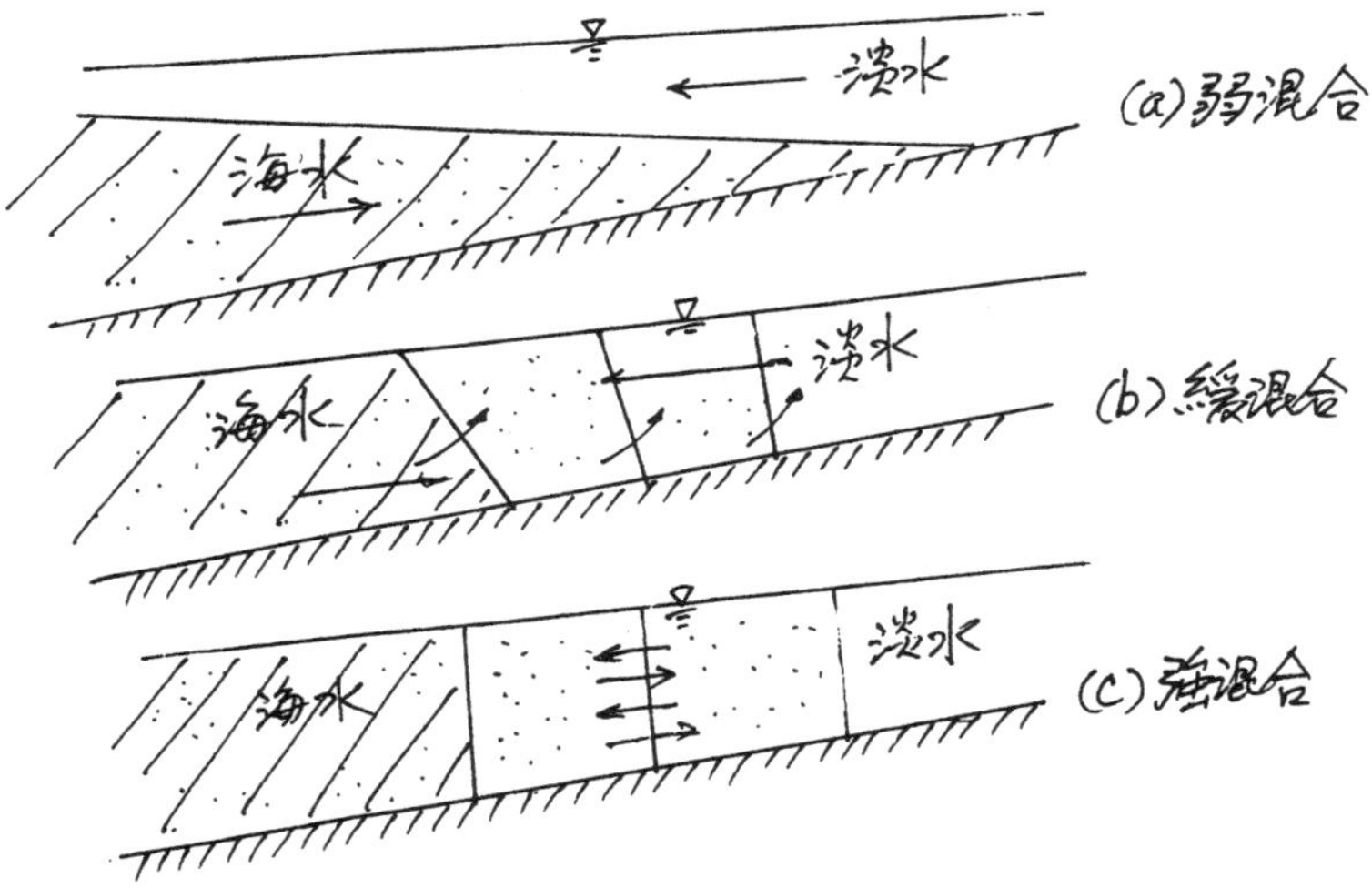

河口付近の河川水と海水との混合状態

が優占種となって棲息する。重信川の河床勾配は河口から二キロ地点でも五〇〇分の一と急勾配であり強混合といえるが、平常時の河川流量が少なく河口から一・七キロ地点に河道を横断して潮止め堰が設けられており、汽水域は少ない。一方、四万十川のように河口から一〇キロ地点でも河床勾配が一三〇〇分の一と緩い勾配の河川は弱混合河川といえ、汽水域は広く河口から八キロ区間までスジアオノリやコアマモが繁茂する環境が保たれている。

この強混合・弱混合の分類は当該河口に固定されたものではなく、同じ河口であっても河川水の流れや潮汐によって変わる。河床勾配の緩急、河川流量の多寡、潮の干満の大小などの要因が場所的・時間的に絡み合う汽水域の多様性には、興味が尽きない。

41．河川水辺の国勢調査

「河川水辺の国勢調査」という言葉は、一般の人には聞き慣れないかもしれないが、国土交通省はじめ河川管理者には日常語であろう。河川水辺の国勢調査は、河川事業、河川管理等を適切に推進するため、河川を環境という観点からとらえた定期的、統一的な河川に関する基礎情報の収集を図るものであるという。その成果は、河川に関する各種計画の策定、事業の実施、河川環境の評価とモニタリング、その他河川管理者の様々な局面における基本的情報として活用されるとともに、河川及び河川の生物の生態の解明などのための各種調査研究の促進に資するものであると説明されている。調査対象は国が管理する一級河川での河川調査、生物調査、河川空間利用実態調査で

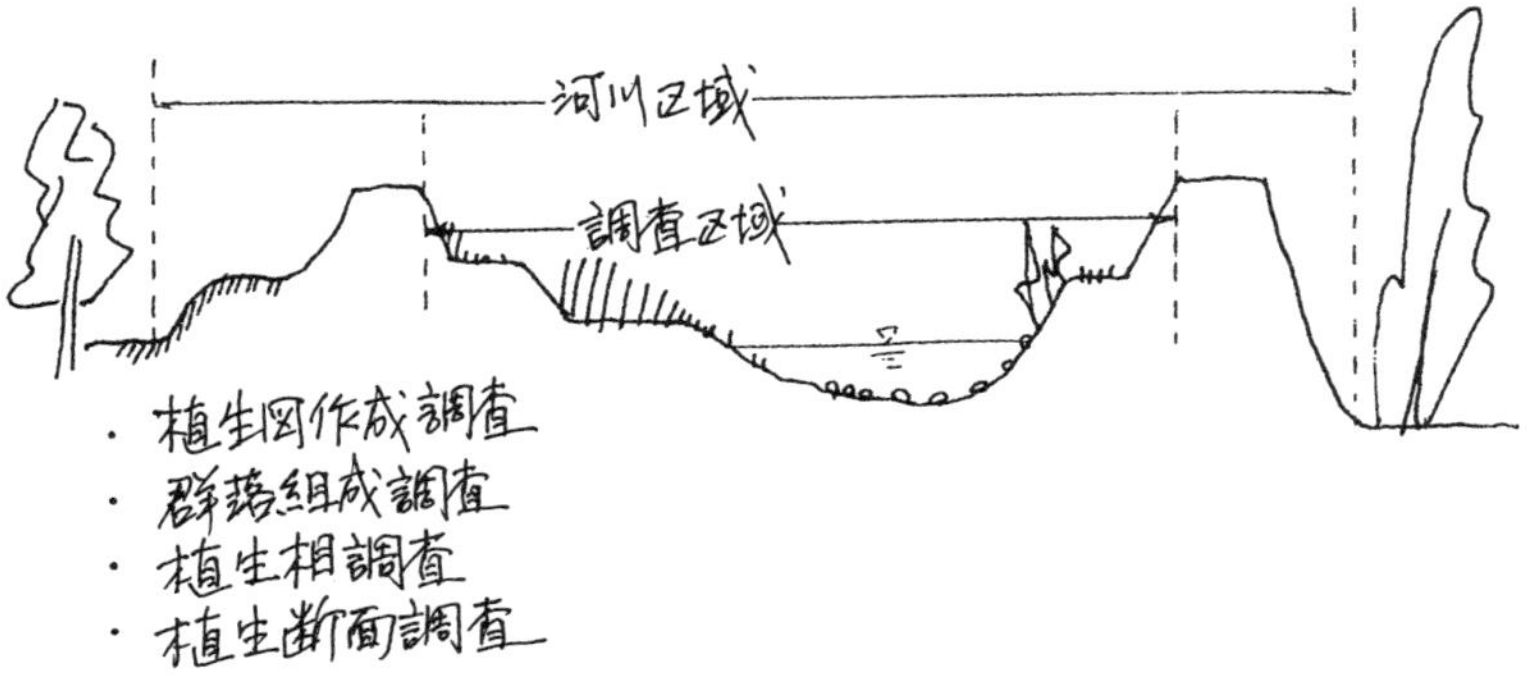

河川の植物調査域

あり、調査実施の頻度は五年に一回以上である。主要な調査となっている生物調査は、魚介類調査、底生動物調査、植物調査、鳥類調査、両生類・爬虫類・哺乳類調査、陸上昆虫類等調査の六項目となっている。調査は、文献調査と聞き取り調査からなる事前調査と、捕獲・観察・計測記録・同定などの現地調査からなっている。事前調査結果に基づいて現地調査計画を策定し、現地調査を行って調査結果を取りまとめ、考察・評価を行った後、報告書が作成される。

魚介類調査では、一例としてヤマメ・サクラマスやアマゴ・サツキマスなどの区分、エビ・

カニ・貝類などの同定など、底生動物では採集対象となる場所に特有なトビケラ・ユスリカ・ゴカイ・カワニナ・タガメ・ゲンジボタルなどの種類と生息量なども調べる。植物調査ではコロラードを設置して調査する植生図・群落組成・植生相なども作成し、鳥類では、オオタカ・クマタカ・サギなどをラインセンサス法や定点記録法で調査し、両生類・哺乳類・爬虫類は原則として捕獲確認及び目撃法で確認する。また、トンボ・チョウ・ハチ・セミ・バッタなどの陸上昆虫は、任意採集法・スイーピング法・ビーチング法・ベイトラップ法などで調査する。従来の河川技術者は、河道の整備や水資源開発など力学・水文学《すいもん》は得意でも生物に関する知識は乏しいのが普通である。河川事業が治水・利水中心から河川環境が重視されると生物学の知識が必須で、生物の専門家の協力を仰がざるを得ない。

ただ、折角集めた大量のデータが有効に利用されるためには、河川技術者自身もIT技術を短期間で学習したように、生物の生態や環境に関する広い知識も常識として身に付けなければならない時代となっている。

42. 北海運河

オランダの南のライン川河口のロッテルダムから、海岸沿いの道路を北に一〇〇キロメートルほど走ると右側の海抜マイナス六メートルの干拓地にスキポール国際空港がある。そこからさらに北に一〇キロほど走っていると、突然目の前に巨大な貨物船が現れて東から西に道路を横断するのを見て驚いたことがある。道路が北海運河の真下をくぐって南北に通っているのである。海底トンネルに下って行くにつれて、船が空に向かって浮き上がって行くように錯覚した。運河からさらに北に向かうと、直線距離約三〇キロ以上のゾイデル海の締切堤防上の高速道路に入る。

オランダの首都アムステルダムは、かつて北がゾイデル海といわれる湾となっており、二〇キロほど西の北海とは砂州半島で隔てられていた。当時、北海と結ぶゾイデル海航路が、砂の堆積等で航行が難しくなったため、一八六五年から一八七六年にかけてアムステルダムから直接北海に至る航路として真西に造られた運河が、北海運河である。北海運河の完成で船の航路が不要となったゾイデル海を干拓地として農地にするためと高潮被害防止を目的に、ゾイデル海と北海を遮断する全長三二キロの大堤防の建設が始まったのは、第一次大戦後の食糧難の一九二七年であった。高さ七・八メートル、幅九〇メートル、長さ約三〇キロのこのゾイデル海締切堤防は一九三二年に完成し、ゾイデル海は淡水化され標高が海面下六メートルのアイセル湖となり、その干拓地開発は一部湖を残す形で一九八六年まで続けられ完了している。アイセル湖の干拓地を訪れた一九七六年当時、食糧難は解消されたので一九九〇年代まで計画されていた干拓予定地の一部を漁業や環境保全のための淡水湖として残すべきだとの議論が盛んになされていた。

北海運河は、全長が約二五キロ、深さが一〇～一五メートルで、アムステルダムでライン運河に接続して年間一〇万隻の船が通行し、スエズ運河やパナマ運河に次ぐ水上交通の大動脈となっている。

運河の終点である北海に面するアイマウデンには、運河の閘門《こうもん》施設と共に巨大な

アイマウデン閘門（オランダ北海運河）

ポンプ施設がありアイセル湖の排水を行っている。

日本列島はイザナギとイザナミという神が造ったそうだ。オランダの国土は人間が造ったと良く聞かされるが、ダムによる干拓地や水路網の建設での発想や水利技術の高さには、大いに感心している。

43. 緑のダム

日本でダムが盛んに造られたころ、一時期〝緑のダム〟が盛んに議論された。ダムを建設する代わりに、山に植林をすることによって、流域の保水力を高め、洪水調節や水資源の開発というダムの役目ができないかというものである。植える樹木は常緑樹より落葉樹で、落葉による地表面土壌の保水力の向上が期待できるというものである。

裸地の流域の河川にダム貯水池を建設した時と、落葉樹を植林した緑のダムについて、まず、水資源開発という面からそれぞれの評価をしてみよう。裸地の場合、降水はあまり地面に浸透することなくほとんどが地表面を流れてダム貯水池に貯留される。貯留された水はわずかではあるが水面から蒸発して失われるものの、降水のほとんどはダム貯水池に貯められ水資源として利用できる。一方、緑のダムでは、降水は一部木々の葉によって遮断され蒸発するが多くは地表面に達し、落葉によって保水力が高まった地中に浸透する。その後、一部は木々の根に吸い上げられ蒸散するが、ゆっくりと時間をかけて河川へ流出する。この場合、地中に浸透できなかった余剰降水は地表面を流れて河川に入り下流に流れ去る。したがって全降水量から、木々で蒸発・蒸散する量と余剰降水を合わせた損失降水量を差し引いたものが、後に河川水として利用できる水資源となる。損失降水量は雨量強度など雨の降り方によって大きく変わるが、かなり大きいという実測データが報告されている。このため緑のダムでの水資源開発量は多くなく、しかも不安定であることが分かる。

洪水調節という治水の面から見ると、ダム貯水池の場合、予め計画で決められた洪水調節容量の範囲内であるが、はっきり分かった流量を調節することができる。一方、緑のダムでは、地面に浸透できない余剰降水量が豪雨時にどれほどになるかの推定が必要となる。余剰降水量は、それまでの降水によっ

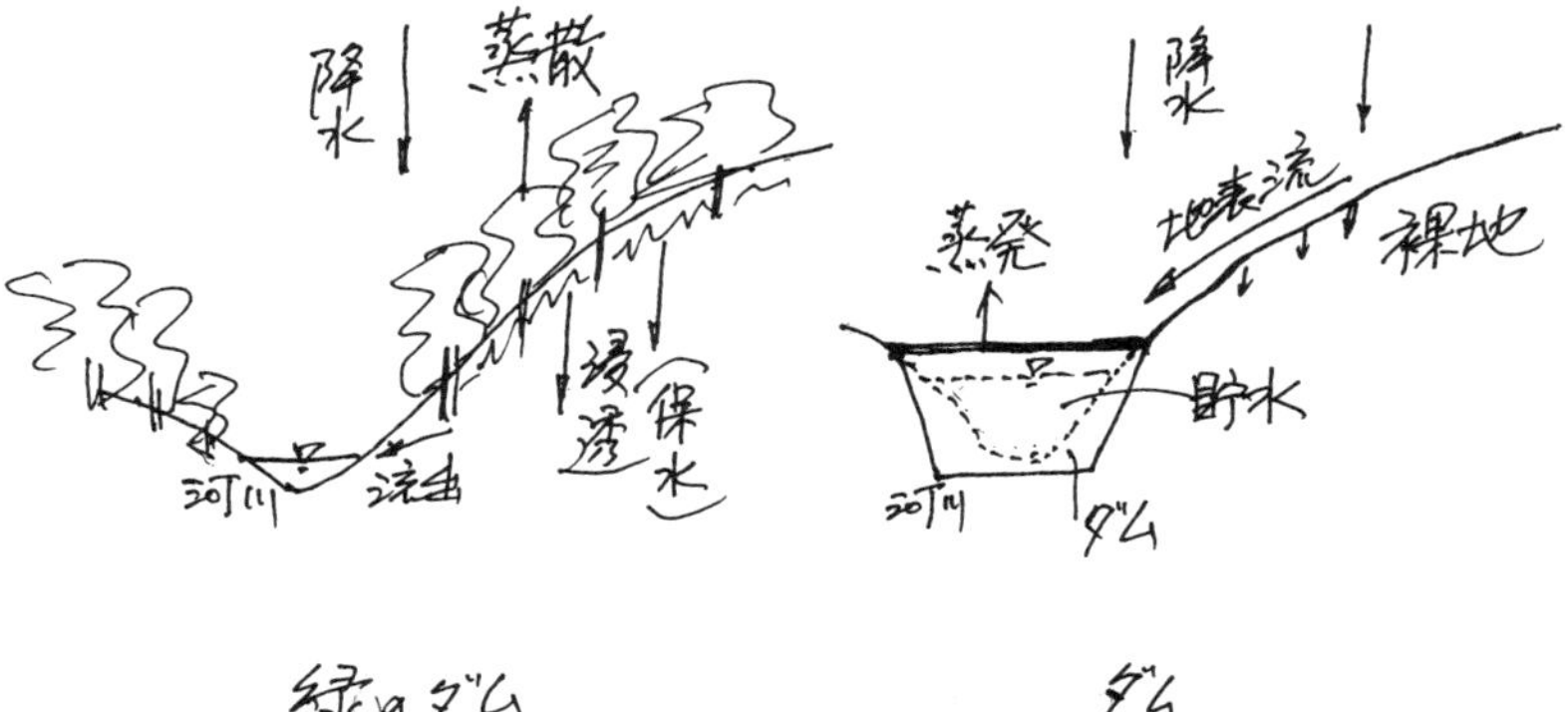

緑のダム

て地中にどのくらい水があるかの飽和度に関係し、降雨強度や降雨時間などの特性によって大きく異なる。そのため、洪水調節が確実に行えるのかの懸念は払拭されない。

水資源開発量や洪水調節量の定量的な評価ができるダム貯水池に対して、不確実要素の多い緑のダムに多くを期待することが難しいことが分かる。ただし、ダムの建設費や植林整備のための費用の比較や、環境へ与える影響評価など違う観点からの議論は別である。

44. 四国の川を考える会

「四国の川を考える会」は一九八二（昭和五七）年七月に設立された。その目的は、四国における水害のない安全な国づくりの推進、水資源の有効利用の発展および豊かで潤いのある河川環境の保全と創造であり、広報誌『あめんぼ』と機関誌『水紋』を発行している。初代会長は、当時徳島大学教授であり現在名誉教授の三井宏先生で、二〇〇四（平成一六）年から三井先生を引き継いで私が会長となっている。会員は、賛同する建設関係の会社や協会の特別会員と一般会員である個人会員で、二〇一五（平成二七）年現在、特別会員は七四社、一般会員は八二名となっている。総会開催時に行われる、国土交通省四国地方整備局の河川部長による「四国河川の最新情報」およ

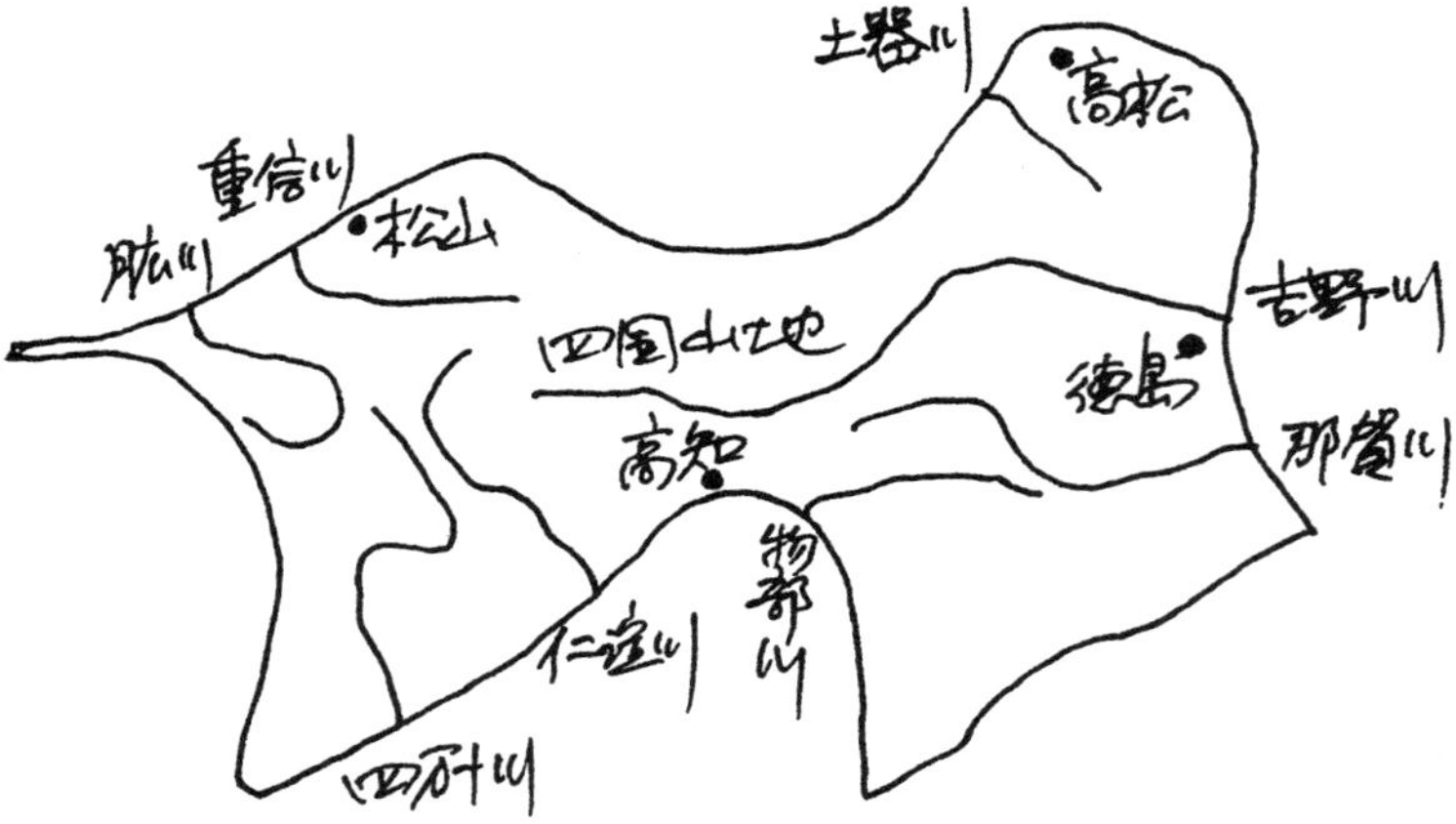

四国の一級河川

び外部講師による特別講演、および総会後の懇親会は、会員相互の河川情報を交換する重要な場となっている。

広報誌である『あめんぼ』は四国の主な河川の紹介や川にまつわる話題やイベント、それに携わる人々にスポットを当て、より多くの人に四国の川を知っていただくよう昭和五九年から印刷して発行していたが、二〇〇八（平成二〇）年からは更に多くの人に読んでいただくようWEB版として発行している。また、機関誌『水紋』も、助成事業の報告、総会の報告、四国河川のトピックスなど、会員向け情報をホームページに掲載している。その他の重要な活動の一つに、四国で河川に関係するイベントを開いているグループへの助成がある。一グループへの助成は、年間一〇万円以下であるが、一年に六程度のグループに助成している。これまでに行った主な助成事業は、那賀川源流開き、土器川生物公園魚類調査及び清掃、浮穴ホタルまつり、四万十川水辺八十八カ所巡り、宮本武之輔を顕彰する会への活動、さめうら湖で環になろう、江川・吉野川の環境美化・保全の未来を考えるシンポジウム、美馬市水辺の楽校春祭り、蛍湖まつり、四万十川源流調査及び意見交換会等であり、広報事業として、ファミリーハゼ釣り大会を開催している。また、「四国堰堤ダム八十八箇所めぐり」事業は、四国の風景の一部としての堰堤を巡る旅の企画で、歳月とともに自然の中に溶け込む四国の堰堤を改めて眺めてほしいと思っている。

残念ながら個人会員は河川事業に直接関わった方が大半である。一般市民に四国河川への理解を広く深めていただくために、これまで河川に無関心であった方の会への参加を期待し、方策を講じている。

45. アマゾン川

アマゾン川の長さは六五一六キロメートルで、ナイル川の六六五〇キロには及ばないが、長江の六三〇〇キロを抑えて、世界第二位である。流域面積では七〇五万平方キロで、三六九万平方キロで世界第二位のコンゴ川を抑えて圧倒的に大きく世界一である。河口の幅は広い所では三六〇キロにもなり、右岸側にある人口一五〇万の都市ベレンからアマゾン川を望めば、遥か西に九州と同じ面積約五万平方キロのマラジョー島が見え、更にその向こうの左岸側は望むべくもない。ベレンのアマゾン川沿いの約五〇〇メートルの広場では早朝から野外市場が開かれ、アマゾン川で獲れたピラニアをはじめ珍しいというより奇妙な魚が果物・野菜・トカゲ・ヘビなどと共に所狭しと売られていた。ベレンから約一〇〇〇キロ上流のマナウスへ約一二〇時間かけての船の航路があったが、残念ながら二時間の飛行機を選んで

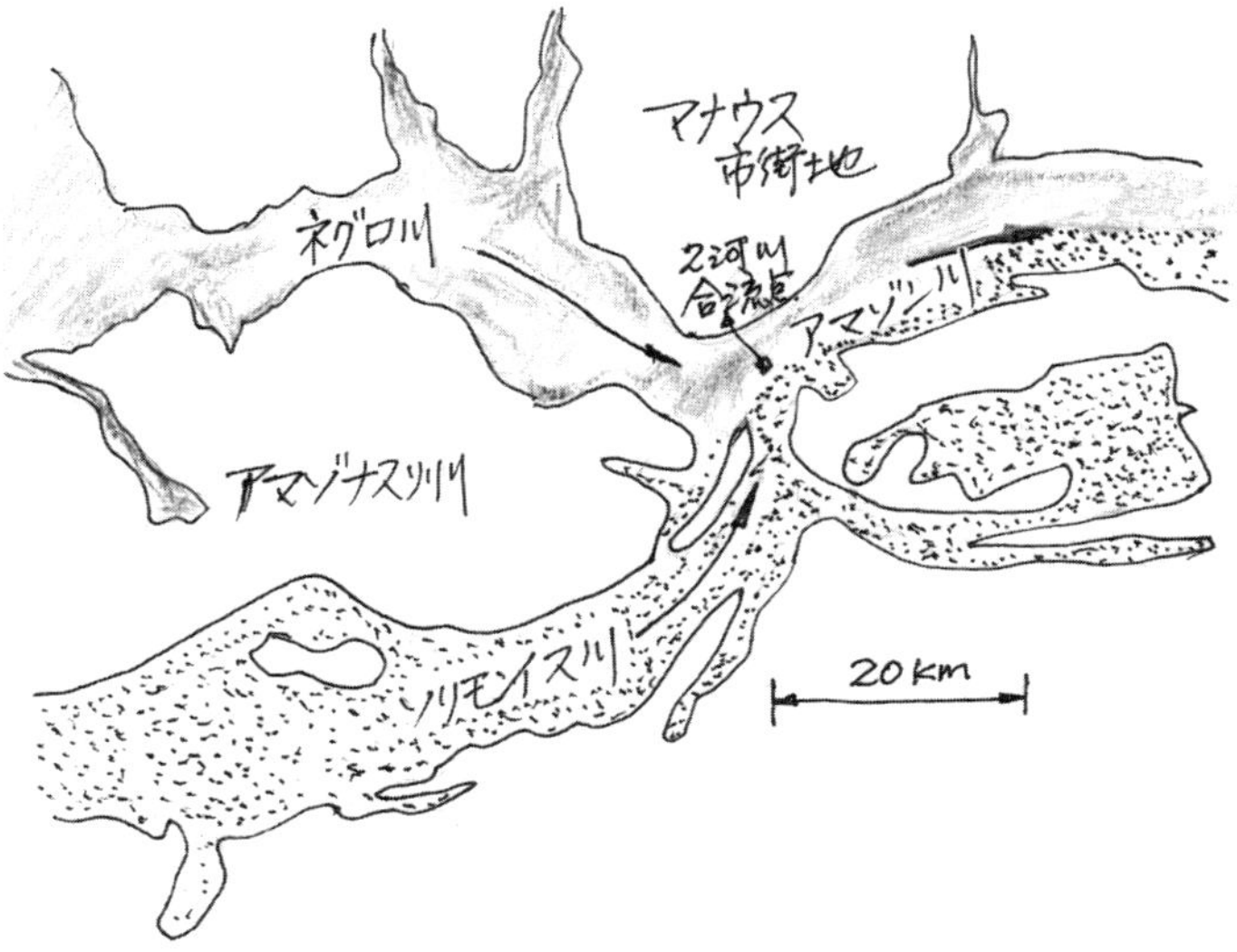

ネグロ川とソリモンイス川の合流点付近

しまった。マナウスは人口一四〇万を超え、アマゾン川中流域の熱帯雨林が広がるアマゾン盆地の東部にあり、かつては天然ゴムの生産で栄えた。現在では自由貿易港として、世界中から多くの企業が集まり、一大産業都市となっている。

アマゾン川の興味深い河川水理現象は、マナウスの直下流で二つの河川の合流水が何処までも混合しない現象と、河口からかなり上流まで波が遡上するポロロッカという現象である。マナウスからツアーに参加して、下流約一〇キロのネグロ川とソリモンイス川との合流点に達すると、泥を含んだ黄土色のソリモンイス川の水と、黒い色をしているネグロ川の水が混合することなく流れているのを見て自然現象の不思議さに感動した。両河川水の比重・温度・流速の違いに起因する現象で、数十キロ下流まではっきりと境界が認められるという。ポロロッカは実際に見たことはないが、ブラジルのテレビでは春分や秋分の大潮が最大になる頃よく報道されていて、アマゾン川では四メートル以上の高さの波が、轟音と共に時速六〇キロ以上の速さで津波のように数百キロ上流に遡上することもあるという。

アマゾン川流域には大規模な熱帯雨林が生育し、珍しい動植物も多く存在していて、アマゾン川流域を調査研究している人たちも未だ神秘で興味が尽きないそうある。アマゾン川を少しでも知ろうと近づいただけで、そのスケールと多様性に圧倒されるのは私だけではないと思う。

46. 住民参加の川づくり

治水施設と河川空間の整備を河川周辺の街づくりと一体化して行うことが望ましい

が、その場合留意する課題がいくつかある。河川本来の機能を保持させる、各河川・地域の特性を生かす、地域住民の参加と意識を高める、経費負担をどうするか、などである。

河川敷の公園化など河道空間が街づくりに取り込まれる中で、広々とした空間や様々な生物が生息できるなど、河川が本来持っている機能が損なわれないような配慮が重要である。また、すべての河川にはそれぞれ固有の川の文化とも呼べる地域との関わり合いが

重信川の自然をはぐくむ会

ある。例えば、肱川に見られる洪水との闘いの歴史、西条市の加茂川のように神事との関わり合いなど、河川景観の背後にある地域による働きかけの存在、特にその歴史的な経緯を見落とさないことである。

水辺空間整備に限らず街づくりが、地域の住民の合意が得られなくて計画通り進まない場合も珍しくない。河川水辺を生かした街づくりには、住民参加（PI）による地域住民の合意形成への努力と住民の主体的な発想と意欲を生かした河川整備計画の立案が望まれる。また、快適な生活環境を創造し保全するためには、快適な環境に対する住民が共有できる意識の昂揚が図られる必要がある。その一環として、二〇〇〇（平成一二）年より愛媛県河川課も導入した河川里親制度がある。これは、ある河川全体あるいは一部について個人あるいは団体にその美化・浄化・観察などを継続的にしてもらい、河川の維持管理をより高度に行うとともに、河川に愛着を持ってもらおうという制度である。このような住民参加によるラブリバー運動は、住民の河川環境に対する意識を変えていくものと期待している。

経費については、国レベルでは一九八八（昭和六三）年に「緑と水の森林基金」と「河川整備基金」の二つの基金が設けられたが、これらは河川・ダム等に関する調査・試験・研究への助成という形で河川環境の整備に寄与してきている。地域レベルでも愛媛県の旧五十崎町の「いかざき小田川はらっぱ基金」のように河川水辺の整備・保全のための条例や基金は出来ているが、その数は全国的にはわずかである。今後このような制度の拡充が必要である。

従来、河川の整備管理はほとんど行政任せであったが、街づくりの一環として住民が参加した川づくりの機運が一層高まることを期待している。

47. 暮らしと河川

人と川とが大きく結びつき始めたのは稲作がきっかけと考えられるが、稲作は今から二四〇〇年ほど前の縄文後期から始まり日本文化の基盤となっているという。稲を育てるには、約一〇〇日間に、一日当たり減水深約一センチ、一カ月で約三〇センチの水を田に送り込まなければならない。日本最古の用水路である板付遺跡は、天水や小河川に頼った時代のものである。七世紀の初期に僧行基による大阪の狭山池や八世紀初期に造られ、その後八二一(弘仁一二)年に空海によって改築された満濃池のように用水を溜池に頼った時代もあった。江戸時代に盛んに行われた新田開発・干拓・用水路整備などは、武田信玄や足立重信のように大河川に挑んだ時代の賜物であった。

さらに、明治の近代化時代には、田辺朔郎による琵琶湖から京都へ用水を送る琵琶湖疏水やファン・ドールンによる猪苗代湖の水を安積平野に送る安積疏水など疏水が多く作られた時代もあった。

その後、都市の人口が増えるに従って、都市用水としての生活用水と工業用水の需要が大きくなり、河川でのダム等による水資源開発がなされて来た。生活用水は、家庭用水として飲料水、調理、洗濯、風呂、掃除、トイレなどに用いられ、都市活動用水として、飲食店、デパート、プールなどの営業用水、事業所用水、また噴水、公衆トイレ、消火用水などの公共用水などがある。また、工業用水として、ボイラー、原料用水、製品処理、洗浄、冷却、温調用

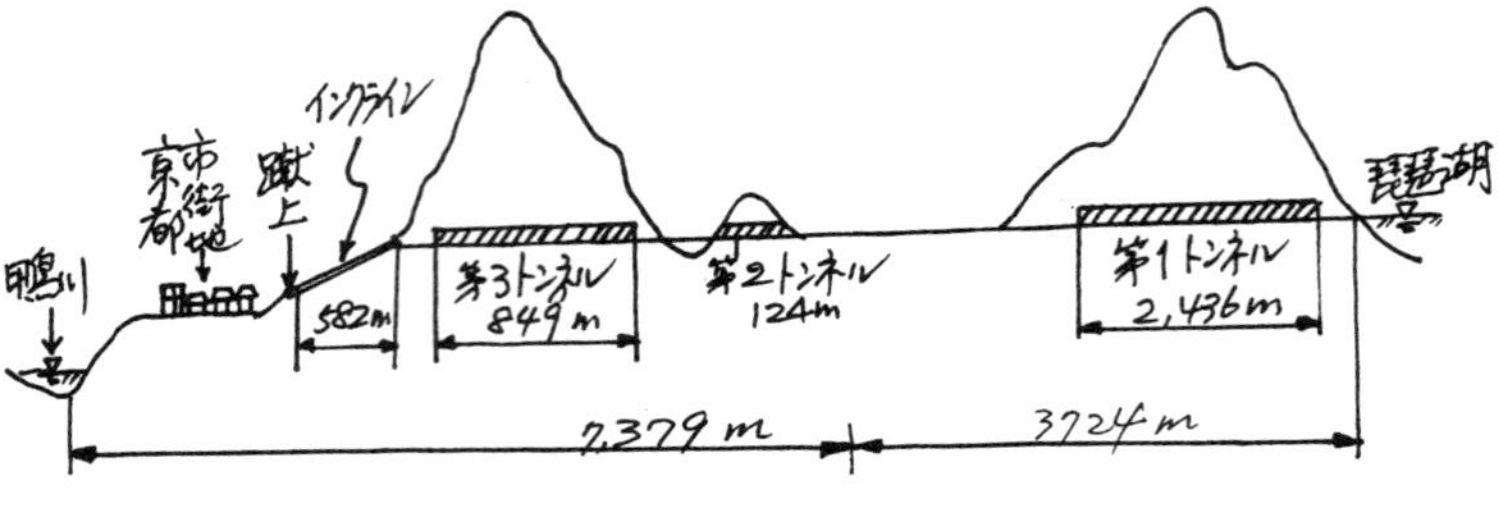

琵琶湖疏水

水などがある。暮らしの中で、河川水の多目的利用は、古くからの農業用水から、水運、発電、都市用水など多岐に亘っており、人々は川の恩恵を得るために知恵を出し、いろいろな工夫や努力をしてきたことが分かる。これまで人々の暮らしが豊かになるように新しい水利用が生まれてきたように、水と緑のネットワーク、美しい水と水辺空間などの環境用水など、今後新しい用水の需要が増えることが考えられる。

日本列島には、年間平均して約一八〇〇ミリの雨が降るが、地域によってまた季節によって雨の降る量は大きく異なっている。また、水の需要も大都市や農村など、地域や季節によって違っている。今後は今まで以上に水資源の時間的・空間的に適切な配分が重要となる。その中で、節水など水需要の抑制や流域外分水の在り方が、再考されなければならないと思う。

48. パンタナール湿原

ラムサール条約で注目された北海道の釧路湿原や福島・新潟・群馬の各県にまたがる尾瀬湿原をはじめ、日本でも広大で自然豊かな湿原が多くある。ただ、ブラジルにあるパンタナール湿原は、日本の本州とほぼ同じ二三万平方キロメートルの大きさを持つ世界有数の大湿原であって、その規模や生物の多様性は比較できるものではない。ブラジル中西部のパンタナールは、ボリビアとパラグアイに接し、アンデス山脈とブラジル高原に囲まれた海抜が一〇〇メートル程の盆地状の低地である。湿原を通過した水はブラジルとボリビア・パラグアイ両国の国境に沿って北から南に流れるパラナ川に流れ、最終的にはアルゼンチンのラ・プラタ川となって大西洋に流れる。雨期に

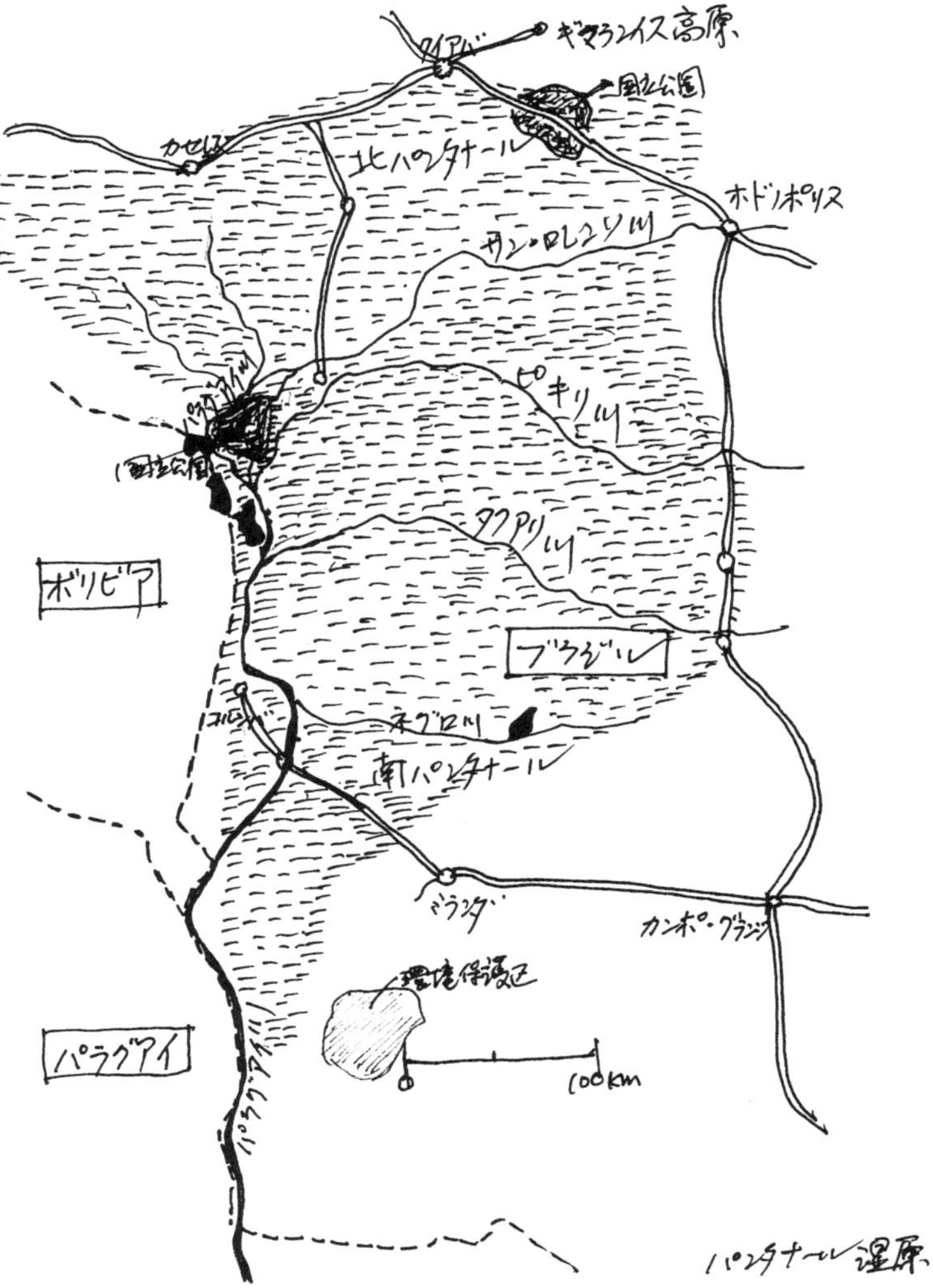
ギマランイス高原
クイアバ
国立公園
カセレス
北パンタナール
ロンドノポリス
サン・ロレンソ川
ピキリ川
国立公園
タクアリ川
ボリビア
ブラジル
コルンバ
ネグロ川
南パンタナール
ミランダ
カンポ・グランデ
環境保護区
パラグアイ
100km
パラグアイ川
パンタナール湿原

パンタナール湿原

は多くの河川から流れ込み増大する水がパラナ川からあふれ、湿原全体が氾濫域となる。

　パンタナール湿原を訪問したのは、一九九八年の一一月の乾期であったので、水位は下がっており数が少なくなった水たまりの周辺に無数の小型のワニが集まってじっとしていた。雨期には二メートルほど水位が上昇し水没するという小高い丘は牧場として使われており、白い毛のコブのあるネロリというかつてインドから移入された牛が数多く放牧されているのが見られた。雨期が近づくと水位上昇に追われるように高台に集まるという。地元の漁師の船で小川に繰り出しピラニア釣りを経験したが、二〜三センチ角の牛肉を餌に面白いほど釣れた。あまりにも広大で、北パンタナールのしかもマトグロッソ州の首都クイアバ郊外のごく一部を見ただけなので、パンタナールの全体像は想像するのみであった。少しでも実感しようとパンタナールの北限に位置するギマランイス高原に上り、足元が落差五〇〇〜八〇〇メートルの赤茶けた断崖の上からはるか南を俯瞰すると、湿原は水平線の向こうまで続いているように思えた。ギマランイス高原付近は南米大陸の中心にあり、アンデス山脈の隆起とパンタナール平原の沈降によってできたと考えられている。

昨今、各国が競うようにユネスコに世界遺産登録を申請しその合否に国中が一喜一憂していて、ユネスコによって自然遺産、文化遺産など、世界遺産が次々に登録されている。パンタナール湿原も二〇〇〇年にパンタナール自然保全地域として世界遺産に登録されたが、二三万平方キロの広大な自然は人間の知恵で定義できる規模を大きく超えているように感じる。

49. 土砂の流送と河床変動

山地の崩壊などで河川に流入した土砂は、粒径の大きな礫から粒径の小さい砂やシルトなど様々な粒径の混合した土砂（混合砂）からなっている。河川は水だけでなく土砂を流す場であり、河床には大きな岩や石礫から細かいシルトまで粒径の異なる土砂が存在するが、これらの土砂を動かそうとする流水の力を掃流力という。

河川の流量が少なく水の勢いが弱いと掃流力が小さく砂礫は動かないが、流量が増えて掃流力が大きくなると土砂が動き始める。その時の掃流力を限界掃流力と呼ぶ。限界掃流力は、土砂の粒径が大きいほど大きく、土砂が小さいほど小さい。動き出した土砂は、河床付近を滑ったり転がったりやがて跳ねたりしながら下流に運ばれる。

このように滑動・転動・跳躍して流れる土砂は、砂礫のように比較的粒径が大きく掃流砂と言われる。一方、粒径の小さい土砂は水中に浮かんだり河床に落ちたりしながら流れ、浮流砂と定義されている。シルトのようにさらに粒径が小さくて、一度流れに浮かぶと浮遊したまま下流に流れ去る土砂は、ウオッシュロードとよばれる。

ダム貯水池への上流からの流入土砂は、貯水池内の水深が大きくなり流速が小さくなるため掃流されなくなり堆積し、河床は上昇する。一方、ダムの下流では、ダムからの流入土砂はほとんどなく、下流への流出土砂のみとなり河床は低下する。このように河床が上昇したり低下したりする現象を河床変動というが、河床変動に関わる土砂は掃流砂と浮流砂で

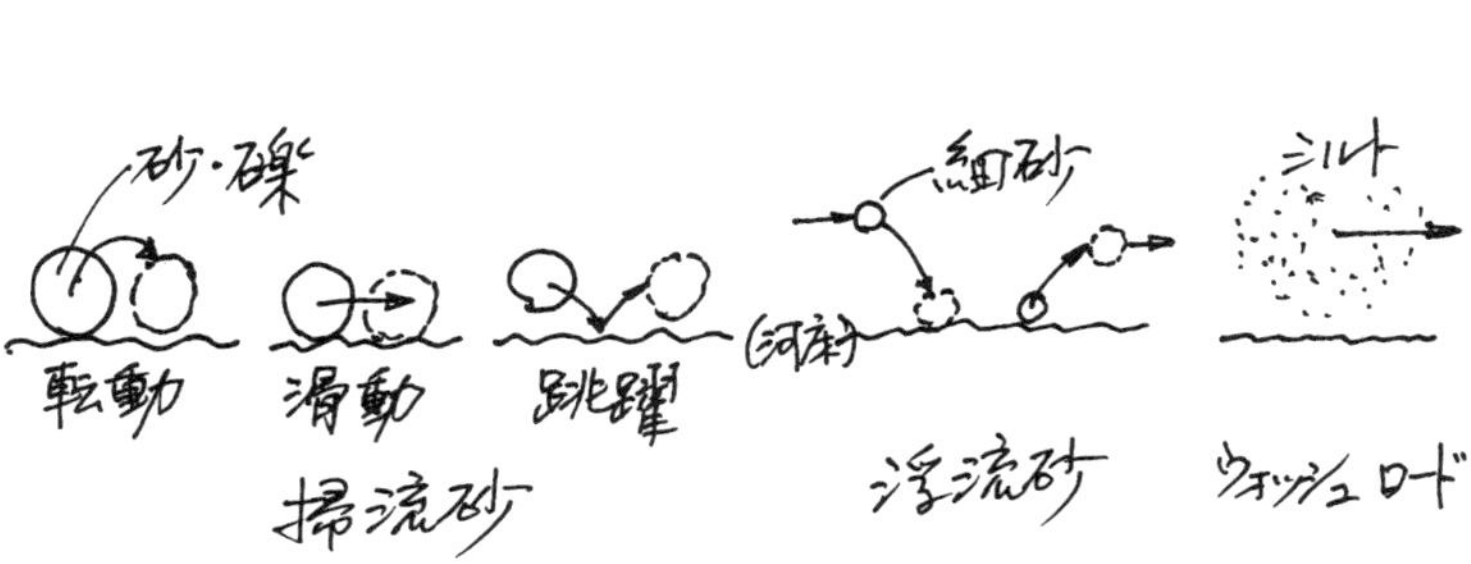

砂の流送形態

ウオッシュロードは関係しない。ダムが無くても川幅が上流と下流で異なっている場合にも河床変動は生じる。例えば川幅が小さい上流では流速が大きく、流れる土砂の量（流砂量）は多くなる。一方、川幅が大きい下流では、流速が小さく流砂量は小さくなる。したがって、下流では上流から入ってくる土砂を全部下流に流すことができなくて、土砂の一部は堆積し、河床は上昇する。逆に、流下方向に川幅が小さくなるようなところでは、上流からの流砂量より、下流に流れ出る流砂量の方が大きくなり、河床は低下する。

河床が上昇すると、洪水時に堤防の高さが問題となり、河床が低下すると堤防護岸の不安定化や、堤内地の地下水位の低下問題が生じる。なお、上流からの流入土砂量と下流側か

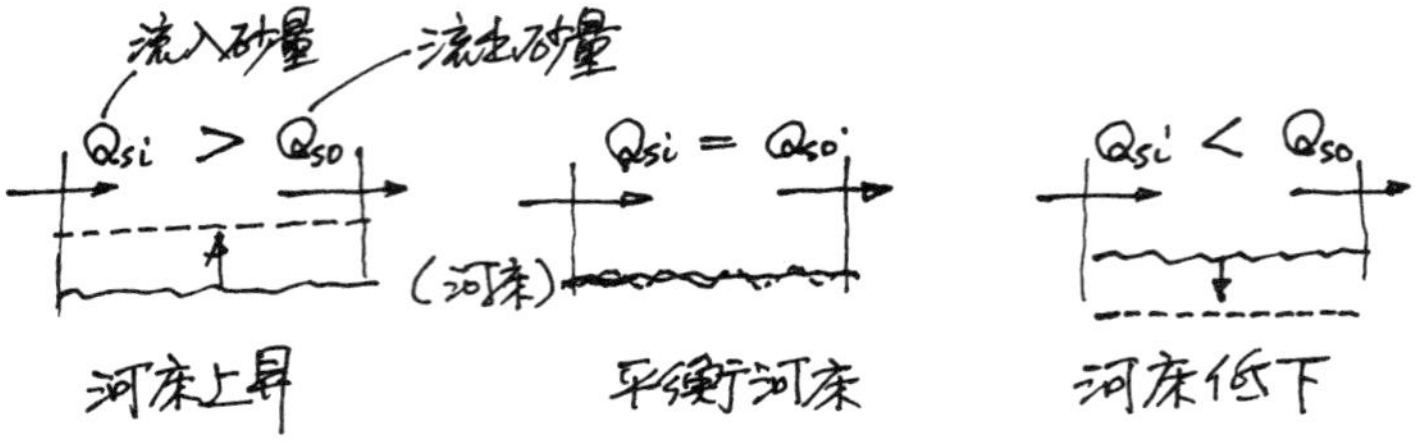

河床変動

らの流出土砂量が同じであれば河床変動は生じず、これは平衡河床と言われる。

50. 足立重信の河川改修

松山城北の浄土寺西宮山来迎寺の墓地に足立重信の墓があり、そこからは木々の間を通して松山城の天守閣が望まれる。足立半右衛門重信が伊予へ来たのは、一五九五（文禄四）年のことで、主君加藤嘉明の淡路国から伊予の正木（松前）への転封に伴ってのことであった。重信が一六二五（寛永二）年に没するまでの三〇年間に伊予で行った大きな土木事業に、伊予川（現重信川）の付け替え改修、勝山城（松山城）

ルの築城、石手川の開削などがある。表川と合流した重信川は、河口から九キロメートル地点（森松）で砥部川と、四キロ地点（出合）で石手川と合流し、その他の中小河川の水を集めて伊予灘に注いでいる。現在の川筋ができる一六〇〇年（慶長年間）頃以前は伊予川と呼ばれていたが、それまでは河道が定まらず洪水氾濫を繰り返していた。正木城下の氾濫を防ぐため、嘉明は家臣の足立重信に命じ、河口から九キロ付近（現松山市森松町）から上流に堤防を築かせ水制を設置した。下流部は森松から正木までの流路を廃止して、新たに北側に水路を開削してほぼ現在の河道を造ったといわれている。特に、この新水路の左岸（南側）堤防は城下の守りとして最も堅固に造られ左馬殿堤と呼ばれた。この重信の治水工事によって多くの新田も開発され、伊予川は重信川と呼ばれるようになったといわれている。

一六〇〇（慶長五）年の関ヶ原の合戦で東軍についた加藤嘉明は徳川家康によって二〇万石の大名に封ぜられ、居城を松前から勝山（松山）に移すことにした。当時湯

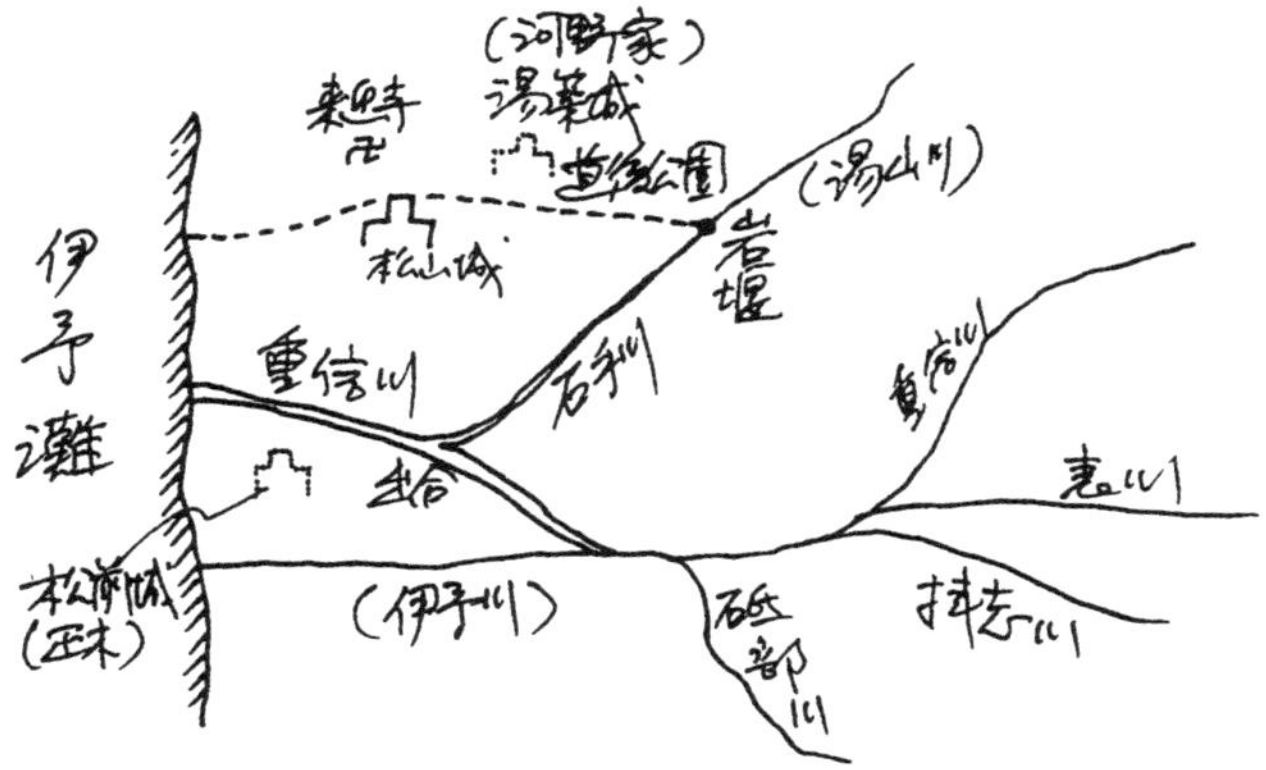

重信川と石手川

山川と呼ばれていた現石手川は、石手寺東の岩堰あたりから西流し今の松山城がある勝山の周辺を自由に流れて西吉田浜で伊予灘に注いでいた。この河道をそらして伊予川に合流させて新城下を洪水から守ろうとしたが、その詳細については『湯山誌稿』（昭和三七年、湯山小学校ＰＴＡ編）に述べられている。重信は現在岩堰と称される岩壁一三〇間（約二三〇メートル）を掘り削ったが、永楽銭千貫を費やした千貫岩が示すように難工事であった。岩堰の下流には、新しい水路を西南に二里（約八キロ）に亘って設け、出合地点で重信川と合流させて現在の石手川筋を作った。重信がこの工事を起こしたのは一六〇一（慶長六）年で、約六年かけて一六〇七（慶長一二）年に竣工させた。しかし、江戸時代には石手川の破堤によって松山城下は度々水禍を蒙り、石手川治水は松山藩政の重大問題であった。本格的治水は一九一七（大正六）年に石手川が河川法準用河川に認定された以降に行われている。とはいえ、足立重信の石手川開削は、現在の五〇万都市松山の発展の礎となっていることに間違いはない。

51. 河川の役割と河川法

河川の役割には、洪水を防御する治水機能、農業用水・都市用水などを得る利水機能、河道空間の持つ親水あるは自然保全などの環境機能がある。これらの治水・利水・環境の河川のそれぞれの役割は、時代と共にまた地域によってそれらの重要度が違っている。

明治時代以前の河川の利用は主に農業用水で、河川水の取水方法に堰などの工夫がなされたが、河川事業の柱は洪水時の被害を少なくする治水であった。このため、一八九六（明治二九）年に初めて制定された河川法は、治水を念頭に置いたものであった。それまで河川の水利用は、農業用水の開発や水争いはあったものの、国全体から見ると直接生命財産にかかわる洪水災害ほど深刻な問題ではなかったのであろう。

河川の水利用が飛躍的になされ出したのが、昭和三〇年代に始まる高度経済成長の時代に入ってからである。水力発電や工業用水・都市用水のための河川水の利用の必要性が高まり、農業用水など既存の水利用との調整が必要となってきた。そのために、一九六四（昭和三九）に河川法が改正され、ダムなどによって洪水時の水を貯留することによって新たに開発された水の利用のルールが決められた。従来の治水に加えて、利水のルールが定められたこの新しい河川法に基づいて、多くの多目的ダムが建設され、日本の高度成長に欠かせない電力や大量の水が工業地帯や人口が集中した大都市に送られ、日本の発展の下支えとなった。

経済的に豊かになった日本が、公害の克服や生活環境の改善だけでなく環境問題全般に取り組み始めたのは昭和四〇年代であり、その象徴が一九七〇（昭和四五）年のいわゆる公害国会である。河川の利用もそれまでの治水・利水に加えて、水質が良く水辺に親しめる河川、生物が豊かに生息できる河川など河川環境の重要性が叫ばれ出した。その流れの中で一九九七（平成九）年に再び河川法が改正され、従来の治水・利水に加え河川の環境保全・改善のルールが決められた。

河川の役割は、時代と共に大きく変化してきたことが分かるが、それは日本全体の事であって、地域的にみると様相はかなり異なっている。河川は地域特性に依存し、依然として洪水災害に悩まされている河川もあれば、水資源確保が重要な河川も多くある。河川整備は、大きな時代の変化に応じながらも、地域の特殊性を十分考慮して行わなければならないことが分かる。

河川法の変遷

年	河川法	目　的	キーワード
1896（明治29）	制定	治水	洪水制御
1964（昭和39）	改正	治水＋利水	水資源開発
1997（平成9）	再改正	治水＋利水＋環境	多自然河川

おわりに

河川と人間のつながりは多様で語り尽きないものがありますが、その一端を「河川閑話」として書かせていただきました。

論語の雍也編の中に「知者は水を楽しみ、仁者は山を楽しむ」という言葉があります。「知者は動き、仁者は静かなり」と続き、水と山で動と静を表現しようとしたものだそうです。

水を楽しむ一環として、河川を取り巻く様々な事象に関心のある人を対象に毎月一回、親和技術コンサルタント主催の「楽水セミナー」で河川のお話をさせていただいています。

この小著書では、愛媛新聞の四季録に書かせていただいた河川閑話に、これまでの楽水セミナーでの閑話を加えて、河川に関する五一の話題を提供させていただきました。本書を読まれた方が少しでも河川に関心を持ってくだされば幸いです。

著者記す

著者略歴

鈴木　幸一（すずき・こういち）

昭和 21 年 9 月 7 日岡山県に生まれる
京都大学工学博士（専門　河川工学）
愛媛大学名誉教授

昭和 40 年 3 月	岡山金光学園高等学校卒業
昭和 44 年 3 月	京都大学工学部土木工学科卒業
昭和 46 年 3 月	京都大学大学院工学研究科修士課程 土木工学専攻修了
昭和 46 年 4 月	京都大学工学部　助手
昭和 52 年 12 月	鳥取大学工学部　助教授
昭和 62 年 9 月	愛媛大学工学部　教授
平成 22 年 4 月	国立新居浜高専　校長
平成 27 年 3 月	定年退職

著　書
水理学演習、自伝エッセイ集『水あめ』、
『デルフトブルー』、『西穂独標』、その他

河川閑話

2017年11月15日　初版　第1刷発行

著　　者　鈴木幸一
発 行 者　株式会社 親和技術コンサルタント
〒791-1101　松山市久米窪田町870-5
編集制作　愛媛新聞サービスセンター
〒790-0067　松山市大手町一丁目11番地1
電話〔出版〕089-935-2347
〔販売〕089-935-2345
印刷製本　松栄印刷所

ISBN978-4-86087-136-9　C0051